南京水利科学研究院出版基金资助

灌区末级渠系蛙道构建与模拟仿真研究

毕 博　陈 菁　陈 丹◎著

河海大学出版社

HOHAI UNIVERSITY PRESS

·南京·

图书在版编目(CIP)数据

灌区末级渠系蛙道构建与模拟仿真研究 / 毕博,陈菁,陈丹著. -- 南京 : 河海大学出版社,2024. 6.

ISBN 978-7-5630-9137-9

Ⅰ. S274.3

中国国家版本馆 CIP 数据核字第 2024G7B705 号

书　　名	灌区末级渠系蛙道构建与模拟仿真研究	
书　　号	ISBN 978-7-5630-9137-9	
责任编辑	曾雪梅	
特约校对	薄小奇	
封面设计	徐娟娟	
出版发行	河海大学出版社	
地　　址	南京市西康路 1 号(邮编:210098)	
电　　话	(025)83737852(总编室)　(025)83722833(营销部)	
	(025)83787103(编辑部)	
经　　销	江苏省新华发行集团有限公司	
排　　版	南京布克文化发展有限公司	
印　　刷	广东虎彩云印刷有限公司	
开　　本	710 毫米×1000 毫米　1/16	
印　　张	8.625	
字　　数	155 千字	
版　　次	2024 年 6 月第 1 版	
印　　次	2024 年 6 月第 1 次印刷	
定　　价	52.00 元	

　　灌区是农村基本的人工生态单元和农业用水主体,对于现代农业可持续发展具有重要意义。灌溉渠道是灌区工程设施的重要组成部分,渠道防渗工程作为最有效的节水措施被广泛应用于灌区各级渠道的建设中,但在为农业生产服务并创造经济价值的同时,灌溉渠道也对田间两栖动物的生境利用和迁移行为造成了一定程度的负面影响。自党的十八大以来,国家出台了一系列生态文明建设和乡村振兴的政策部署,现代化生态灌区建设备受关注,渠道生态修复的理论方法和关键技术被相继提出。然而,部分灌区在生物多样性保护和农业面源污染防控方面未能达到预期目标,这与忽略了末级防渗渠道对农业景观连通性和蛙类迁移效率所产生的影响有关。因此,针对灌区末级渠系开展蛙类生物通道构建的试验研究与效果分析是一项迫切而又必要的工作,具有重要的理论意义和广泛的实际应用价值。

　　本书以立足农村水利、结合生态环境、面对实际问题、尝试学科交叉作为研究思路,采用资料收集、野外调研、模型试验和数值模拟相结合的方法,对灌区末级渠系中蛙道的建设进行了较为系统的研究,为灌溉渠道生态修复提供了理论依据和技术支持。本书的主要创新点包括三个方面。

　　(1)揭示了灌溉渠道对黑斑蛙迁移行为的影响机理:为解

决灌溉渠道造成的稻作区两栖动物生境破碎化问题,提出了为迁移能力较弱、环境敏感度高的蛙类设置生物通道的渠道生态修复方法;探明了黑斑蛙对渠道硬质护坡的适应性及其运动能力与形态特征之间的数量关系,并根据黑斑蛙的运动表现和特征,提出了蛙道设计参数的适宜范围;拓展了生态型渠道的研究范围,弥补了灌溉渠道生态化改造所需参考数据的不足。

(2)提出了基于蛙类运动能力的蛙道构建方法:针对灌溉渠道生物通道重工程实践而轻科学验证的现状,结合灌水周期和黑斑蛙生长周期,阐述了不同灌溉时期的蛙道适用场景;提出了对末级防渗渠道边坡结构进行局部改造的蛙道构建方法,设计并建造出在渠内无水条件下可为蛙类提供逃生机会的不同类型蛙道;检验了黑斑蛙利用蛙道的逃脱效果,评估了不同设计参数对黑斑蛙逃脱率和速度的影响,并得出了蛙道优化设计方法。

(3)提出了基于弯道水力特性的蛙道构建方法:创新性地将弯道水力特性应用于灌溉渠道生物通道研究,通过建立三维水流数值模型,模拟了末级防渗渠道处于稳定输水条件下不同弯道的流态以及渠内蛙类随水流运动的轨迹;提出了弯段生物通道位置和结构形式的设计方法,有助于黑斑蛙利用水动力条件逃脱,并从水流流态和输水效率角度验证了蛙道的有效性和合理性,为灌溉渠道生态修复提供了新的思路和方法。

本书的出版得到了南京水利科学研究院出版基金、江苏省卓越博士后计划(No. 2023ZB139)和南京水利科学研究院中央级公益性科研院所基本科研业务费专项资金项目(Y923002)的资助。

目 录
CONTENTS

第一章
绪论

1.1 研究背景与意义

灌溉是提高粮食产量的主要途径,灌区既是国家粮食安全的最大保障和实施乡村振兴战略的重要支撑,也是农村基本的人工生态单元和农业用水主体,对现代农业可持续发展意义重大。我国有大中型灌区 7 748 处,包括 30 万亩以上的大型灌区 459 处[1,2]。近些年来国家投入大量资金开展大中型灌区的节水改造,在实现农业高效节水灌溉的同时,也在一定程度上对灌区现代化和灌溉农业绿色可持续发展造成负面影响[3,4]。灌区的发展理念已从骨干工程续建配套和节水改造,逐渐向围绕"山水林田湖草综合统筹",以灌溉排水工程提档升级为基,注重水生态保护与修复的现代化改造提升转变[5]。强调工程或节水的灌区建设方式所导致的生态环境等问题已得到了广泛关注,建设现代化生态灌区已成为当前灌区发展的主要方向,实施面广量大的灌区生态修复工程也是水利高质量发展的主要任务之一[6-9]。

灌溉渠道是灌区工程设施的重要组成部分,我国灌溉渠道总长约 300 万 km,已经成为灌区运行的动脉[8]。与此同时,灌溉渠道也是半自然生境的农田边界,可以为生物提供适宜的生境条件,维持水陆交错带的食物链,有利于维持和提高农业生物多样性,不仅对植物多样性保护具有重要意义,还为鱼虾、蛙、蛇、鸟等动物提供栖息地、避难所和繁育场所[10-12]。从提高输水效率、减少渗漏损失、结构体安全、施工简便和节省用地等角度考虑,渠道防渗输水灌溉工程作为最有效的节水措施在灌区各级渠道的建设中得到了广泛的应用[13-17]。灌溉渠道的硬质化建设在有效提高渠系水利用系数和耕地利用率的同时,也成为植物减少、水生和两栖动物栖息地退化以及农业生物多样性减少的主因之一[10-12,18-22]。渠道建设的生态问题主要表现在以下几个方面：①边坡垂直化和渠面光滑无孔隙，影响了水生与两栖生物的栖息、繁衍和迁移，加速了农村生境破碎化；②硬质化衬底和护坡，割裂了土壤和水体的联系，破坏了地下水涵养条件和底栖生物栖息环境；③空间形态顺直化和断面形式均一化，改变了传统土渠所存在的不同流速带环境，难以营造多样化的流况和适合多种生物栖息的地形环境；④坡面硬化后无植被覆盖，引起水温和局部小环境变化，难以为水生生物提供荫蔽和食物来源；⑤与土渠相比，硬质化渠道中水生植物的种类和数量减少，影响对农业面源污染的截留容量和净化效应；⑥水位变幅较大，即末级渠道在灌溉和雨季时流量和流速较大，在非灌溉时期则完全干枯无水，影响水域生态系统健康。

近年来关于我国农村生态环境退化和生物多样性减少的报道非常多，相关的生态改造措施也成为研究热点，而灌区同时作为农业生产基础设施和农村生态环境载体，在农村生态环境修复和生物多样性保护方面担负着重要的使命。我国非常重视灌区的生态建设，党的十八大以来，国务院政府工作报告、水利部的水利改革发展规划和水利乡村振兴工作要点均明确提出，在水土资源条件较好地区新建一批节水型、生态型灌区，并出台了一系列的政策[23,24]。由此可见，新时期的灌区建设要求生产力和生态环境统筹协调，而且灌溉渠道的生态修复是重中之重。然而，农业生物多样性保护和农业面源污染防控在部分灌区未能达到预期目标，这与忽略了末级防渗渠道对农业景观连通性和蛙类迁移效率的影响有关。

目前，我国在灌溉渠道生物通道研究方面仍然处于探索阶段，现有关于灌溉渠道生态修复的设计研究与工程实践多是将生态河道、生态护坡的相关理论和技术引入灌溉渠道建设，主要内容集中在渠道材质自然化、表面多孔粗糙化、流况多样化、断面和地形多样化、植栽绿美化等方面[25-28]。然而，在灌溉渠道上构建生物通道不是简单的"景观绿美化工程"。部分灌区对于灌溉渠道生物通道构建技术的内涵和目标的认识仍存在局限性，仅通过在灌溉渠道边坡上设置植被带就认为是实现了生物通道建设，甚至存在"灌溉渠道不应该衬砌"的认识误区，认为渠道防渗工程影响了生物多样性，所以不该发展渠道防渗[1,29]。需要注意的是，渠道防渗可以减少渗漏损失的 70%～90%。农业灌溉是用水大户，我国灌溉年均用水量约为 3 400 亿 m³，占用水总量的 56%左右。但是，农田灌溉水有效利用系数仅为 0.543，渠道渗漏仍是主要原因[1]。有效利用系数每提高 0.1，则可节约 344.5 亿 m³ 的农业用水；若不采用渠道防渗工程，输水效率和粮食产量必然受到影响。因此，需要通过科学合理的生态化设计来缓解灌区防渗渠道产生的生态负效应。目前，国内已有的灌溉渠道生物通道方面的应用研究，仍以工程实践为主,缺乏试验分析、效果检验和优化设计等一系列的基础研究,忽视了对灌溉渠道输水功能和生态价值的全面认知以及灌溉渠道对田间动物生境利用和迁移行为的影响,这在一定程度上阻碍了相关理论和技术的进一步研究。

因此,以迁移能力较弱、环境敏感度高且分布范围广、生态价值高的蛙类作为保护物种,针对灌区末级渠系开展蛙类生物通道构建的试验研究与效果分析是一项迫切而又必要的工作,具有重要的理论意义和广泛的实际应用价值。

1.2　国内外研究现状及发展趋势

1.2.1　生态型渠道研究

生态型渠道是以生态为基础,以安全为导向,以渠道生态修复为目标,通过生态护坡、生境条件和生物通道等生态工程构建技术,重塑生态系统功能健全的非自然原生型渠道和水路交错带,以实现渠道生态系统的持续健康发展[30-34]。生态型渠道是融水利工程学、景观生态学、环境科学及生物科学等学科为一体的系统工程,生态型灌溉渠道的建设起源于生态工程在河道整治工程和农业工程上的应用[35-37]。1962 年 Odum[38,39]将生态系统自组织行为应用到工程实践中,首次提出"生态工程"(Ecological Engineering)概念,主张对自然环境的改变应采用最少的人工能量以维持自然系统自我修复的功能,并于 1971 和 1983 年补充其定义,进一步将生态系统与工程设计相融合。1989 年 Mitsch 和 Jörgensen[40]首次明确生态工程的概念和适用范畴,主张生态工程要注重人类与自然环境间的互动,以达到人类与自然生态双赢的目标,并提出了生态工程的三大原则,即自我设计、生物组成及永续性。不同的国家或地区对将生态工程应用于河道治理的做法有不同称呼,德国称为"河川生态自然工法",美国称为"自然河道设计技术",日本称为"近自然河川工法",我国台湾地区称为"自然生态工法"、大陆地区称为"生态水利工程学"[31,41-44]。虽然称呼不尽相同,但所指的都是以生态环境为基础,以系统安全稳定和生物多样性保育为考量的工程方法,它能够减少对自然环境造成的扰动,并可以营造生物栖息环境、保护生物多样性、增强面源净化能力、改善水环境质量、提升环境景观美质、提高经济效益。

目前,生态型河道构建及应用技术的研究与应用实践已受到了广泛的关注,特别是在城市河流硬质护岸生态修复、城市河道生态护坡和生态河岸带等方面大规模展开并不断深入[45-48]。然而,农业灌排渠道却往往被忽视。Jörgensen 和 Nielsen[35]将生态工程应用于农业领域,提出水陆交错带是介于水域和陆域两个生态系统间的过渡区,对于农业环境的自然循环和永续发展至关重要。Shields 等[49]提出应当以循序渐进的方式,将生态工法应用于灌排沟渠中生物栖息地的生态保育。生态工法概念于1998年引进我国台湾地区并受到重视,但应用于农业灌排渠道的时间较晚[50-52]。2007年,台湾地区已完成农田水利生态工程共计19处,正进行生态追踪调查工程共25处[53]。2004年,大陆学者开始在灌区建设中引入生态学原理和方法,正式提出生态型灌区的建设理念[6,9]。2013年水利部印发《关于加快推进水生态文明建设工作的意见》。生态型灌区建设是水生态文明建设的重要组成部分,关于生态型灌区的内涵特征、建设任务和研究内容、构建原理和关键技术等逐渐受到关注[6-9,54]。其中,生态型渠道的主要研究内容是"节水-生态-景观"型灌溉渠道的建设和生态护坡材料的应用两个方面。

(1)"节水-生态-景观"型灌溉渠道

为了改善灌溉渠道边坡和渠顶植物的生长条件,增加侧向土壤含水率,同时防止渠道水体发生大量渗漏损失而降低有限灌溉水资源的利用效率,部分学者在渠道护坡结构方面提出了改造方法。例如,顾斌杰[9]结合新疆石河子市玛纳斯灌区改造工程,提出了侧向半渗漏、底部防渗的护坡技术。生态型防渗沟渠的断面分为三个部分:第一部分为渠底和下部边坡,该范围水体最容易发生渗漏损失,采取全防渗衬砌;第二部分为底部边坡以上和常水位以下,该范围侧向渗漏水量不大且能为边坡植物的生长提供水分,采取半渗漏边坡技术;第三部分为常水位以上,边坡衬砌采用可渗漏砌块体。不同于侧向半渗漏护坡技术的适用范围为干旱灌区,"节水-生态-景观"型渠道技术则更适用于南方平原灌区。王刚[55]结合淮安市灌区"节水-生态-景观"型渠道建设实践,总结它的基本原理并开展了生态效果的定量实测分析。这种生态渠道的断面分为三个区域,为保证输水效率和边坡稳定性,不同区域采取不同措施:常水位以下区采取全防渗衬砌;水位变化区采用生态砌块衬砌,砌块孔洞可为边坡植物生长提供必要的空间和水分;安全超高水位以上区不进行衬砌,为原生态植被护坡,植被搭配以地方优势种为主,采取乔、灌、草相结合的种植模式,以保护和提高农业景观生物多样性。因此,这种结构形式在减少输水损失的同时,更大程度上增强了渠道的生态功能和景观效应。

(2)灌溉渠道生态护坡材料

新型生态护坡材料包括能够满足植物生长条件的生态混凝土和近自然河道形态的预制生态块石。日本在1995年提出了生态混凝土的概念,并研制开发出植被型生态混凝土。其在渠道边坡防护上的应用既可以增强边坡的稳定性,又可以为植物根系的生长提供足够的空间,实现与水生态系统协调共生。目前该技术已在我国上海等地河道护坡工程中得到应用[26,56]。与植被型生态混凝土相比,由固体、液体和气体三相物质组成的水泥生态种植基和由种子植生层及营养基质层组成的生态护坡生物砖更具有价格优势,更适合推广应用,并能够达到渠道边坡防护、水生态修复和水景观营造的多重目的。其中,生态护坡生物砖利用生物干化后的污泥作为基材,可有效缓解污泥处置难题。

预制生态块石的表面呈凹凸形状,可以模仿自然河道边坡的生境条件,为水生植物提供生长空间,为水生动物提供栖息和繁育场所,并能够提高水体净化能力。我国台湾地区较早应用预制生态块石,并运用模型试验研究求得块石凸出高度、渠道流量和坡度对预铸生态块石的曼宁系数的影响,分析了渠道内布置预铸生态块石的水理性质以及水质净化和生境改善的生态效果[57]。采用预制生态块石无须将灌溉渠道硬质护坡拆除重建,工程量和所需经费相对较少,可以达到生态修复的目的并减少施工对生态环境的破坏。

植被工程护坡是利用植被来涵水固土、保持边坡稳定性,同时实现渠道生态化和绿美化的工程技术。目前在生态型灌溉渠道建设中应用较为广泛的是网垫植被护坡和植生型防渗砌块。网垫植被护坡综合了土工网和植物护坡的特点,在坡面构建了一个具有自身生长能力的防护系统。它是由聚乙烯或聚丙烯等高分子材料制成的网状席垫,具有整体性和柔韧性,网垫内填充石料、种植土和草籽,长成后的植物根系可穿过网孔均衡生长,使网垫、植物和表层土壤牢固地结合在一起,充分起到固土护坡的作用[26,30]。以棕纤维为原料的网垫植被护坡更具生态环保性能,棕纤维腐烂后可作为肥料,不会污染环境,而剩下的网格体仍可起到加强植被抗冲刷能力的作用。在干旱和半干旱地区,水资源高效利用、节水灌溉、渠道防渗等是十分重要的任务,渠道"三面光"衬砌形式比较普遍。植生型防渗砌块可以较好地解决由于下渗引起的水资源损失问题,并创造适宜的水生生物生长环境,它由不透水的混凝土块体和供水生植物生长的"井"字形无砂混凝土框格组成。砌块之间通过凸块和凹槽的连接紧密地排列在渠道底部和边坡上,可以有效减少渗漏损失;在无砂混凝土框格中填土,种植适宜的水生植物,边坡植物的生长可以为其他生物营造栖息环境,维持渠道内的生态系统完整性,提高水体的自净能力,增加渠道的景观生态效应。

1.2.2 灌区防渗渠道生态改造研究

从输水效率和结构稳定等方面考虑,灌区各级渠道需要采取不同程度的衬砌化、硬质化措施,但灌区防渗渠道导致生物栖息地破坏和水陆生物通道阻隔的突出问题也受到了各界重视,国内外相关研究和实践工作也在陆续开展,目前的研究内容主要可分为灌溉渠道的生境条件改善和生境连通性提高两个方面[9,28,30,53]。

(1) 灌溉渠道生境改善

对灌区防渗渠道的生态改造，若拆除硬质边坡后采用生态护坡技术进行重建，工程投资量较大且可能在施工时对生态环境造成破坏。因此，可以在渠道边坡设置生态孔洞，营造出适合两栖动物和水生生物栖息的环境，以兼顾输水效益、结构稳定和环境生态[26,27]。坡面打洞及回填技术保留原有的硬质边坡，直接在其表面打设孔洞或凹槽，在生态孔洞中回填碎石与土壤以提供植物生长所需的环境，建立起水、动植物、土体有机结合的生态系统[58]。坡面打洞及回填技术在保证渠道输水能力、结构安全和施工简便的前提下，不仅可以创造适宜昆虫及两栖动物觅食和繁衍的生存环境，还为鱼类、虾蟹类等水生动物提供栖息、产卵和避难的空间，对保持渠道和农田生态系统的生物多样性起到了重要的作用。渠道坡面生态孔洞在我国已经得到了较为广泛的研究与应用，台湾学者通过水工模型试验，探讨不同渠面孔洞的直径、深度和纵向间距设置对渠道水深和水体溶解氧量的影响，求得生态孔洞的最佳配置方案，为灌排沟渠生态改善工程的规划和设计提供了参考[59]。台湾柯林涌泉圳进行了生态改善工程，在渠道边坡基脚每隔 1.5 m 垂直于水流方向埋设香蕉茎，待其腐烂后会在坡面底部上形成孔洞，施工中和完工后的鱼类调查结果显示，设置生态孔洞后渠道内鱼类数量逐渐增加[53]。与日本将 PVC 管埋入渠道两侧的生态改造方法相比，我国采用香蕉茎作为施工材料的方法更加生态环保且施工方式更加简便[60]。

灌溉渠道的生境改善主要从边坡和渠底两方面进行，在渠道坡面设置生态孔洞的同时，对渠底可以采用多样化和多孔质的空间设计[61]。针对硬质化沟渠造成的生态退化问题，有学者提出了在渠道的两侧渠壁和渠底铺设卵石或者在渠底挖设深槽等 7 种 U 形沟三面生态化设计形式和在灌排沟渠中每隔 50 m 施设底部中空的集水井的方法[62]。我国平原河网地区通常采用提水灌溉，基于输水效率、节省用地和降低能耗等考虑，泵站提水后多采用小型防渗渠道输水到田。在渠道底部设置生态池可以有效解决防渗渠道表面硬质化和断面几何规则化的生态负效应，营造适宜水生生物的栖息环境；渠道退水干枯和暴雨排水时，还可作为水生和两栖动物的避难空间；通过断面形式的变化可以形成不同的流速带，增加水体的溶解氧以改善水生生物的栖息环境和灌溉水质；底部缓流区还具有沉沙池的功能，可减少沉积物并方便集中清淤疏浚[63]。在渠道中摆设天然石材的植石治理法和石梁工法，可以在低流量时保持一定水位、高流量时降低流速并产生不同流速，增加多样性的流况和水体溶氧量，营造阶梯式深潭和浅滩的水域环境,为水生生物提供适宜栖息和避难的空间。台湾学者通过水工模型试验探讨不同石梁工排列形式对渠道水位、流量、水流能量损失和沉沙量的影响,求得了石梁工的最佳配置,并通过卓兰主圳生态改善工程的实例研究表明,在渠道中设置改良式石梁工可减缓水流流速、减少泥沙淤积、增加水体溶氧量、形成多样化流态,有利于维持和提高生物多样性[64]。

（2）灌溉渠道生物通道建设

灌溉渠道边坡垂直化和渠面光滑无孔隙,影响了水生与两栖生物的栖息、繁衍和迁移,加速了农村生境破碎化,蛙类易受困于灌区防渗渠道(图1.1)[65]。关于田间两栖动物难以从硬质化灌排沟渠中逃脱的新闻报道,在日本、韩国以及我国台湾地区等东亚季风气候水稻灌溉地区非常普遍,在这些地区,灌溉渠道生物通道技术的研究与实践也得到了较大的发展[65,66]。随着灌区生态化建设的不断推进,我国学者和水利科技人员已经陆续开展关于灌溉渠道生物通道的理论研究和工程实践[67]。

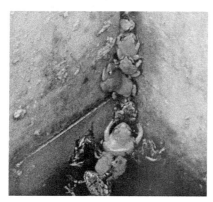

图1.1 受困于灌区防渗渠道的蛙类

据调查,浙江省桐乡市每年每100 m硬质化渠道内发现的因暴晒干渴而死的两栖动物有2~3只。由此推测,每年仅桐乡市就有近10万只两栖动物因无法逃脱表面光滑无孔且边坡陡、深度大的硬质护坡而死亡[68]。叶艳妹等[28,69,70]在对浙江部分地区的调查中也发现有大量青蛙死于硬质化沟渠底部,由此提出了包括动物脱逃斜坡和青蛙保育设计在内的灌排沟渠生态化设计技术要点,并以福建省小湖镇项目区和四川省芦山县的生态沟渠工程建设项目为例,提出了适用于青蛙保育的生态沟渠设计方案。在此基础上,国内学者和水利科技人员不断深入研究,不断提出结合水利设施改造、动物生态习性、水力学特性和智能化设备等方面原理和技术的灌溉渠道生物通道设计方案[71,72]。例如,通过对渠道护坡预制件的结构形式进行改造设计,在传统硬质护坡预制件基础上预留一条顺水流方向的斜坡通道,既不影响渠道的输水效益和防渗功能,又能够连通农田和渠道生态系统,满足大部分渠道硬质护坡亟需生物通道建设的要求;在渠道边坡上设置表面埋设若干木条的斜坡以形成生物通道,通道坡度综合考虑了田间动物的爬坡能力和节省土地等因素,与渠底的衔接处设置低洼水池以便于聚集渠内动物;利用硬质化渠道弯曲段横向环流的作用,在渠道弯曲段的两侧设置表面为锯齿状的斜坡通道和不同高度的安全平台,能够为逃生动物提供临时停留点并增大成功脱逃的概率。

植被有利于陆域与水域生态系统的连续,通过在硬质化渠道的边坡上建立植物生长的生态区域,可以在渠道内开辟出与外界连通的生物通道[15,26,27]。例如,将空心砖平铺在硬质护坡上形成分段设立的生物通道,空心砖内填充土壤并栽种植物以增大边坡表面的粗糙程度,既可以有效减少漏水损失、增加景观生态效应,又能够为动物提供逃脱和迁移的通道;在硬质护坡上设锯齿形凹槽用于覆盖草皮以形成动物逃生通道,并采用塑料网固定草皮,种植黑木草隔离带以避免草皮大面积脱落;在混凝土衬砌渠道中设置类似于自然沟渠环境的生态带,在渠底正中设置一道纵向生态带,在渠底及边坡设置多道横向生态带形成连通的生态网格,有利于两栖动物迁移和水生动物栖息繁衍。总之,灌溉渠道生物通道建设能够在不影响渠道防渗和整体糙率的条件下,保护鱼类的栖息环境,维持两栖动物的食物网,并通过净化水质及调节水体温度,为水生生物提供良好的生长环境。

1.2.3 两栖类野生动物通道研究

人类工程活动对生态环境的负面影响持续加剧,特别是道路建设、河流整治、土地整理等基础设施工程建设对野生动物生存和栖息环境造成破坏。与此同时,人类的发展理念也伴随着社会生产力的进步而提升,生境破碎化问题得到了越来越多的关注,野生动物通道研究便在欧美日等发达国家率先得到发展[73-76]。野生动物通道(Wildlife Crossing)属于生物廊道(Biological Corridor)的范畴,能够起到连接破碎化生境并适宜生物栖息、移动和扩散的作用[77,78]。由于野生动物在公路上与车辆相撞而致死的事故频发,野生动物通道的理论和实践研究首先在公路建设领域得到了发展。2003年Forman等[79]正式提出"道路生态学"(Road Ecology),系统地阐述了公路建设对野生动物及其生存和栖息环境的影响。我国在野生动物通道研究领域起步较晚,但在2009年已经发展出关于我国的公路路域生态学理论体系[80-82]。

两栖类动物具有极其重要的生态系统调节和支持服务功能,但其迁移能力弱、对环境依赖性强,更容易受到栖息地破碎化的威胁,因此针对两栖类动物的公路生物通道(Amphibian Corridor)研究受到了广泛的关注[77,83-86]。谷颖乐[83]分析了公路周边生境类型、路面材质以及车流量对公路阻隔效应和致死效应的影响。傅祺[84]以湖南莽山国家级自然保护区为例,通过对两栖爬行动物通道的修建尺寸、底质垫材、洞口植被覆盖率、辅助栅栏高度等设计参数进行模拟实验,提出林区公路两栖爬行动物通道的设计方法。王云等[85,86]通过在长白山区、青藏高原区等生态敏感区开展研究,分析了公路和铁路对野生两栖动物栖息地破碎化的影响范围和程度,提出了基于公路主体工程的两栖动物通道优化设计的方法,包括位置选择、诱导生境和迁徙走廊保护设施的设置、效果评价等。

不同于公路野生动物通道具有广泛的目标物种,水域野生动物通道的研究对象和内容较为集中,主要针对水坝对河流的阻隔效应而开展鱼道(Fishway)研究,长期以来忽视了河流工程建设对两栖类动物生存和栖息环境的影响,相关的两栖类动物通道研究相对匮乏[87-91]。台湾学者侯文祥、张源修等[92-96]通过调查不同种类两栖动物(蛙类和蝾螈类)的体形和活动能力,分析不同坡度、坡面材料和气候条件对两栖动物爬坡能力的影响,开展水岸生态工程技术研究,并针对不同地区提出硬质化河道两栖动物迁徙通道的设计方法。张振兴、孙东东等[97,98]分析了不同类型硬质化沟渠对两栖动物(黑框蟾蜍、黑斑侧褶蛙)逃生能力的影响,通过开展行为控制实验来探究两栖动物攀爬能力与硬质化沟渠结构参数之间的数量关系,并以此确定生态修复的设计参数。

1.3 主要研究内容、方法和技术路线

1.3.1 主要研究内容

本书以缓解灌区末级渠系防渗工程造成的生境破碎化、保护农业生物多样性为研究目标,选择迁移能力较弱、环境敏感度高的蛙类作为保护物种,在国家大型灌区涟东灌区开展灌溉渠道对蛙类迁移行为的影响机理研究,分析不同灌溉时期的蛙道适用场景,提出相应的灌区末级渠系蛙道构建方法,并通过模型试验和数值模拟进行效果分析和优化设计。本书的主要研究内容如下。

(1)黑斑蛙的形态特征和运动能力研究

根据农业景观中生物的数量和生态价值,选择以黑斑蛙为代表的蛙类作为目标物种,并在调查黑斑蛙生态习性的基础上,开展其运动能力及其影响因素试验,探究灌区末级防渗渠道对黑斑蛙迁移行为的影响以及黑斑蛙对渠道硬质护

坡的适应性;分析黑斑蛙的身体形态和运动能力特征、在不同坡面材质上能成功逃脱的极限坡度以及上跳运动特征,揭示黑斑蛙运动能力自身因素之间的相关性和数量关系。

(2)黑斑蛙运动能力影响因素的灰色关联分析

对黑斑蛙的体重、体长、跳高高度、跳远距离以及混凝土坡面极限坡度等5项运动能力影响因素进行灰色关联分析,进一步探究离散数据间的内在规律和联系;以样本各项指标的平均值作为参考序列,计算灰色关联度并排序,选择黑斑蛙逃脱能力的代表值来验证线性回归关系式的合理性;结合黑斑蛙的形态特征、运动能力以及性别差异,提出蛙道坡度和坡面材质等设计参数的适宜类型和取值范围。

(3)基于蛙类运动能力的蛙道构建与优化设计研究

根据黑斑蛙的运动能力,结合灌水周期和黑斑蛙生长周期,针对典型硬质化农渠提出对边坡结构进行局部改造的蛙道构建方法,设计并建造出在渠内无水条件下可为蛙类提供逃生机会的不同类型蛙道;开展检验蛙道使用效果的试验,分析坡度、坡面材质和宽度等蛙道设计参数对黑斑蛙逃脱效果的影响;结合灌溉渠道生态改造对输水和占地的影响,对蛙道进行类型比选和结构优化。

(4)基于弯道水力特性的蛙道构建与数值模拟研究

利用水力学原理在渠道弯段处为蛙类提供逃生机会,建立硬质化农渠弯道的三维水流数值模型并开展数值模拟试验,模拟不同弯道在稳定水深 0.4 m 和流速 0.8 m/s 条件下的水力特性;分析弯道沿程各断面的纵向流速分布和横向环流结构及其对渠内蛙类运动轨迹的影响,提出弯段处蛙道位置和结构形式的设计方法;通过水流数值模拟和水头损失计算,评估设置蛙道对蛙类迁移效率和渠道输水效率的影响。

1.3.2 主要研究方法

本书综合运用了生态学和水力学等学科的理论和方法,基于野外调研、物理模型试验和数值模拟试验,结合灰色关联分析等统计方法,对灌区末级渠系蛙道的构建方法展开研究。

(1)学科交叉研究

采用景观生态学、生态工程学和两栖爬行动物学等相关理论,研究灌区末级防渗渠道对黑斑蛙生境利用和迁移行为的影响机理以及蛙类生物通道的构建方法。通过动物行为学试验获得黑斑蛙身体形态和运动能力特征的基础数据,并分析黑斑蛙运动能力自身因素间的相关性和数量关系。

（2）灰色关联分析

采用灰色关联分析方法对黑斑蛙的形态特征和运动能力数据进行分析,进一步探究黑斑蛙运动能力影响因素离散数据间的内在规律和联系。根据关联度计算结果,得出最能够反映黑斑蛙逃脱能力的代表值,为蛙道设计参数的取值提供参考依据。

（3）物理模型试验

通过建造蛙道物理模型并开展检验蛙道使用效果的试验;根据黑斑蛙利用不同类型蛙道的逃脱效果,分析坡度、坡面材质和宽度等设计参数对黑斑蛙逃脱效果的影响,并对蛙道进行类型比选和结构优化。

（4）数值模拟试验

通过建立弯道三维水流数值模型并开展数值模拟试验,分析不同弯道沿程各断面的水流结构及其对渠内蛙类运动轨迹的影响,提出弯段处蛙道的构建方法,模拟水流流态并计算水头损失来评估蛙道的生态和节水功能。

1.3.3　研究技术路线

首先,开展黑斑蛙运动能力及其影响因素试验研究,分析黑斑蛙运动能力自身因素间的相关关系,并建立数量关系表达式;对黑斑蛙运动能力影响因素进行灰色关联分析,进一步探究黑斑蛙逃脱能力的整体水平,并分析黑斑蛙的上跳运动特征;对比蛙类运动能力与渠道结构参数,得出蛙道设计参数适宜的取值范围。其次,根据蛙类运动能力构建蛙道,开展物理模型试验,检验黑斑蛙利用不同类型蛙道的逃脱效果,并对蛙道进行类型比选和结构优化。最后,根据弯道水力特性构建蛙道,开展数值模拟试验,模拟不同弯道的流态以及渠内蛙类随水流运动的轨迹,提出弯段生物通道的设计方法,并评估弯段结构变化对蛙类迁移效率和渠道输水效率的影响。本书的研究技术路线见图1.2。

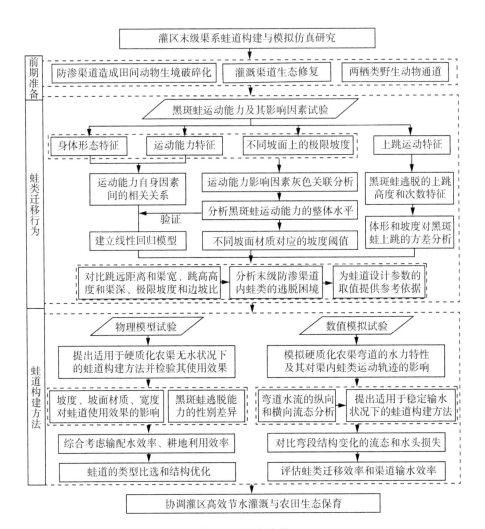

图 1.2 技术路线

第二章
灌溉渠道生物通道的理论基础

　　灌溉渠道生物通道设计与试验研究的理论基础主要来自农业生物多样性保护、农业景观生态学和生态水利工程学三个方面,这三个方面的理论也是相互交织的,景观生态学以生物多样性保护为研究目标,生物多样性保护和生态水利工程以景观生态学为理论依据,生态水利工程技术也会作为其他两者的技术手段。本研究重点以上述理论在灌区和河流方面的应用作为理论基础。

2.1 农业生物多样性保护

2.1.1 灌溉渠道生态功能

　　农业灌溉渠道是半自然生境的农田边界,是农田生态系统的重要组成部分,可以为生物提供适宜的生境条件,维持水陆交错带的食物链,有利于维持和提高农业生物多样性[10-12,99,100]。生态型渠道对植物多样性保护具有重要意义,还为鱼虾类、蛙类、蛇类、鸟类等提供栖息地、避难所和繁育场所。农田生态系统中代表性物种的栖息范围如图 2.1 所示。

　　从图中可以看出,水生和两栖动物的栖息范围遍及河流、输水渠系、农田、排水渠系,而农业土地利用变化和渠系硬化引起的生境破碎化是导致大部分物种濒危的重要因素[101-103]。因此,灌溉渠道的生态化设计需要考虑农村生态环境修复和生物多样性保护的重要功能。例如,生态型渠道作为农田生物的迁移廊道,可以连接相互隔离的嵌块体栖息地,能够减轻甚至抵消生境破碎化对生物多样性的负面影响;利用其输水廊道的功能及其自身容量和植被缓冲带的蓄持水分能力,调节农田水分平衡并改变流域水文情势;利用较高的植被覆盖度和植被异质性,维持水域和陆域生态系统间的物质循环;通过底泥截留吸附、植物吸收和微生物降解净化等多种机制,提高人工沟渠对农业面源污染的截留净化能力。

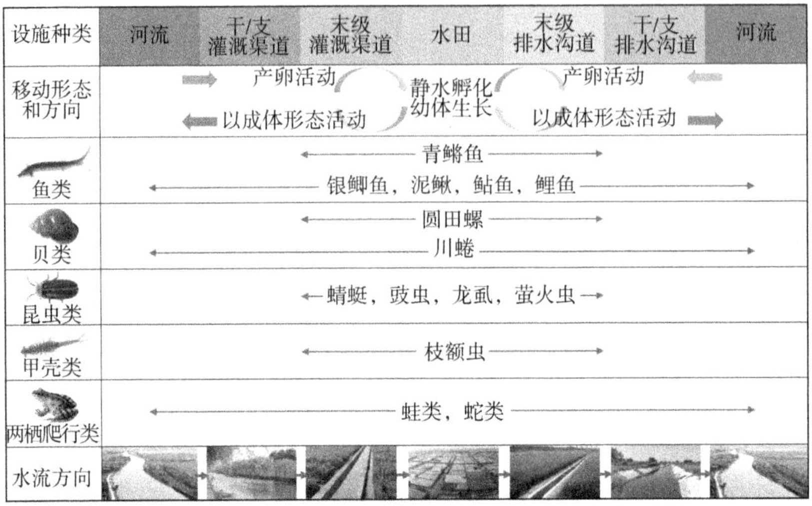

设施种类	河流	干/支灌溉渠道	末级灌溉渠道	水田	末级排水沟道	干/支排水沟道	河流

图 2.1　农田生态系统中代表性物种的栖息范围

作为农田边缘的生态交错带,生态型渠道还具有生物多样性保护功能,可以通过保育栖息环境来提高青蛙和蟾蜍等有益动物的数量,并利用生物防治农作物病虫害,有效减少农药施用量和农村面源污染,提高作物产量和农作系统的持续性[104-109]。

因此,生态型渠道具有保护生物多样性、调节农田水分平衡、维持生态系统物质循环、改善农村水环境和提升农业生产力等功能,但是生态型渠道的生态功能并不是简单的功能叠加,而是多种功能交互作用的结果,能够改善整体生态环境。根据河流生态系统的功能特征,可进一步分析农业灌排沟渠对于维持生物多样性的作用。灌区渠道生态系统的生物功能如表 2.1 所示[31,110]。

表 2.1　灌区渠道生态系统的生物功能

功能	主要内容	意义
提供栖息地,满足食物、空气、水和掩蔽物需求;满足生殖需求;满足生长需求,包括安全、迁移、越冬等	渠道满足水体和河岸带生物群落栖息地需求的能力	栖息地组成、结构、范围、可变性、多样性、栖息地丰度,关键指示物种的存在/消失
生产有机碎屑,促进微生物、水生附着生物、无脊椎动物、脊椎动物和植被的生长	渠道促进有机物生长的能力	指示物种的存在和丰度,碎屑的存在、丰度及分解
保持演替过渡	渠道提供动态变化区域的能力,该区域有利于植被的演替,有利于遗传变异和植物物种多样性	渠道邻近区域的许多物种和龄段多样的植物,动态蜿蜒带和边滩的形成,先锋物种的出现

功能	主要内容	意义
保持营养复杂度：自养生物（植物）—生产者，异养生物—消费者/分解者	渠道保持初级生产者和消费者之间最优平衡关系的能力，以便提供健康且多样的生物群落	有机碎屑及其分解，无脊椎消费者存在，水生附着生物在底质上的生长
供给营养，包括碳、氮、磷等营养元素	渠道供给营养及维持生物群落的能力，生物群落通过吸收营养促进物质循环	营养与水生和河岸带生物之间达到平衡，碳、氮、磷完成形式转换

2.1.2　农业生物多样性

农业生物多样性是重要的自然资源，是全球生物多样性总体中的重要一环。全球范围内农业用地面积约占陆地总面积的 37％，是维持陆地生态系统生物多样性的重要生境[111]。我国自然生态保护区陆域面积约为 1.7 亿 hm²，不足国土陆域面积的五分之一，而农业用地面积约为 6.57 亿 hm²，占比高达 68％[112]。因此，我国的农业景观维持了相当高比例的生物多样性，包括濒危物种。在被列入《IUCN 濒危物种红色名录》的物种中，超 50％的鸟类、两栖类濒危物种和超 20％的爬行类濒危物种正在受到现代集约化农业生产方式、土地利用方式以及由此造成的生态环境变化的威胁[113-114]。

农业生物多样性对于保障农业生产、农民生活、农村生态以及灌区绿色高质量发展、经济社会可持续发展具有重要作用[115,116]。它的生态系统服务功能不仅体现在农业生产方面，更体现在对农业生态系统的调节、支持和提供栖息地方面；既可以缓解以病虫害为主的生物压力，以及水土流失、气候调节、养分循环等非生物压力，又能够为田间生物提供良好的栖息环境，维持生态系统稳定性；而且，生物多样性较高的农业景观具有更高的生态经济价值。

为保护农业景观生物多样性，相关研究提出：①在区分出农业景观生物多样性重要区域的基础上采取优先保护措施，特别是处于关键位置（如水陆交错带）的生物廊道；②在农业景观范围内构建多样化的非农业生产属性的自然或半自然生境和林草植被覆盖区域，如农田边界、河滨植被带等生态交错带可作为生物繁衍栖息和避难的场所；③通过在农业景观中设置生态廊道，连接不同类型和不同完整程度的生境，能够增加农业景观的连通性，进而在更大的农业景观范围内保护生物多样性[117-119]。

2.1.3　生物多样性保护廊道

随着全球气候变化和人类工程活动对景观破碎化和生物多样性减少造成的

影响越来越广泛、越来越剧烈,人类逐渐认识到仅采取建立自然保护区的方法已经无法满足生存环境受到破坏的物种对于迁移到相对适宜栖息地的需求。因此,生态廊道(Ecological Corridor)这一生物多样性保护方式便得到发展[73,120,121]。生物多样性保护廊道即生物廊道,是生态廊道在生物保育方面的应用形式,能够连接生物的斑块化生境,从而实现物种基因、能量、物质的流动[122]。

廊道的概念起源于岛屿生物地理学,MacArthur 和 Wilson 根据物种丰富度与岛屿的面积和隔离程度呈现出的相关关系,进一步指出生境斑块的大小和距离会直接影响物种的丰富度和灭绝率,并把廊道界定为连接栖息地生境斑块间的线性景观元素[122,123]。复合种群理论则更为具体地阐明了廊道的功能,并认为它能够为被破碎化的栖息地所隔离的生物提供迁移到相对适宜生境的通道;随着景观生态学的发展,廊道被概化为最重要的景观元素之一,并与斑块、基质共同作为景观空间结构的重要组成部分[122]。在生态功能上,廊道可以维持和加强处于孤立或隔离状态的栖息地斑块之间的连接,使物种能够在破碎化的生境之间进行迁徙、扩散,进而达到保护最小种群数量和维持生物多样性的目标[124]。为缓解生境破碎化所带来的负面影响,生物多样性保护廊道建设目前已经成为全球生态环境研究领域的热点问题,我国也已经就生态廊道建设和生物多样性保护问题相继出台了《中国生物多样性保护战略与行动计划(2011—2030 年)》、《陆生野生动物廊道设计技术规程》和《云南省生物多样性保护条例》等一系列的规章制度和技术标准[125-127]。

生物廊道的选址需要考虑地形地貌、周边植被群落特征以及动物的生态特征等因素。首先,分析目标物种的运动行为特征;其次,探明生物廊道周边基质的土地利用类型、植被覆盖度、生境模拟效果等问题,因为周边基质对生物廊道生态功能的实现发挥着至关重要的作用;最后,根据处于孤立或隔离状态的生境斑块的位置来确定起连接作用的生物廊道的位置[124]。生物廊道的宽度选择需要考虑保护区域具体情况、保护对象的形态特征和生态习性。生物廊道的宽度会影响到目标生物利用廊道进行迁移、扩散的效率,对生物廊道生态保育效果的实现起关键性作用[124,128]。通常情况下,廊道越宽越好,因为能够利用廊道迁移的生物种类和数量会随着廊道宽度的增大而增加,环境异质性也随之提高,从而增加物种多样性;廊道宽度过小则会对敏感且运动能力较弱的物种的迁移造成负面影响;但过大的廊道宽度不仅会占用更多的土地,而且会延长物种在廊道范围内的时间和距离,从而造成物种的迁移效率下降。

生物廊道的连通性是指在景观空间结构上实现连接,属于结构量度指标;而生物廊道的连接度则是定量表现不同生物群落或生物栖息地之间在生态过程上的关联,属于功能界定指标[124]。因此,生物廊道的连接度和连通性并不会随着彼此的增减而变化。生物廊道的连接度与保护对象(特定物种)的生态特征、运动能力和生存策略以及景观尺度密切相关,与作为连接度载体的生态廊道并无直接关联,即不同形式和结构的生物廊道的连接度可能相同;而同一种生物廊道对于不同目标生物而言,连接度也可能相差很大。

2.2 农业景观生态学理论

生物多样性保护一直以来都属于景观生态学的研究范畴和应用领域,大到自然生态保护区的建设、生态功能区的划分,小到生态修复工程的设计、生态调控措施的实施,诸多维护生物多样性的重要方法和策略都是以景观生态学的原理与技术作为支撑[129,130]。

2.2.1 灌溉渠道生境破碎化

景观生态学认为,景观破碎化(Landscape Fragmentation)是生物多样性减少的关键原因。景观破碎化是指原本连续的景观要素在人为或自然因素的驱动下被分隔成若干相互之间缺乏连接度的斑块镶嵌体或嵌块[131-134]。它的直观表现是:景观单元的数量增加而面积减小,斑块的分布特征发生变化,形状趋向不规整,内部生境面积缩减,连通性也随着廊道的减少而丧失[129]。道路、河流等工程建设是造成景观破碎化并进而引起两栖动物栖息地破碎化的主要原因[101-103]。在灌溉渠道工程建设中,灌溉渠道从能够与农田连通的半自然生境转变为造成水陆生态阻隔的破碎化生境(图2.2)。

景观破碎化又可以分为地理和结构两种类型的破碎化表现。景观破碎化程度的评估会受到研究尺度的影响,同一景观处于不同尺度中会呈现出不同的景观破碎度。比如,在较大尺度的农业用地景观中,各种作物均被视为同一种景观要素,沟渠、道路等田间工程设施也被融入其中,则农业景观的破碎度较低;但在较小尺度中,各种作物被视为不同类型的景观单元,沟渠和道路是以廊道的形式出现,其景观辨识度显著提升,则农业景观的破碎度也相应提高[135]。景观破碎化对生物多样性的影响主要体现在遗传、物种和生态系统三个方面。目前,景观破碎化对遗传多样性的影响这方面的研究成果更多,即人为或自然因素造成的景观破碎化的遗传结果受到了更多的关注[136,137]。本研究关注的是景观破碎化所导致的田间生物栖息地破碎化的问题,属于物种多样性的范畴。

目前,人类活动驱动下的景观变化对动物的栖息地及运动行为的影响是国

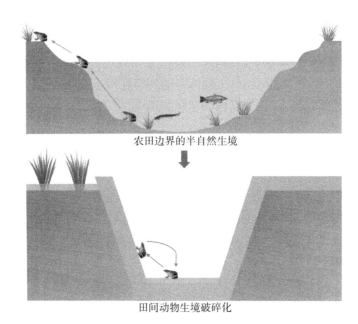

农田边界的半自然生境

田间动物生境破碎化

图 2.2　景观破碎化导致两栖动物生境破碎化

内外景观生态学研究领域关注的主要问题之一,涉及兽类、鸟类、两栖爬行类、鱼类和昆虫类等各个类群。虽然大量的研究成果集中在濒危物种中的旗舰物种,但对于两栖爬行类的研究工作也占到较高的比例且受关注度呈上升趋势[129]。近年来,景观生态学与生物多样性交叉研究领域的重要研究主题集中在两方面:一是景观时空异质性、生境破碎化及其对动物群落扩散连通性和植物群落物种构成的空间格局的影响;二是对主要景观类型空间格局的尺度属性、生物多样性与景观功能关系的探讨。

2.2.2　景观生态原理

景观是指由相互作用的斑块或生态系统共同构成的,在空间层面上具有高度异质性并以相似的形式重复存在的区域。根据相关研究成果,景观生态学的研究内容主要有景观结构与功能、生物多样性、物种流动、景观变化、景观稳定性、养分再分布和能量流动[138]。Dramstad 等[139]和 Farina[140]将景观生态原理归纳为以下 7 个方面:①景观结构与功能原理,景观具有异质属性,物种以及构成它的物质和能量在不同景观元素之间的分布结构会呈现出差异性,因而其在景观结构组分之间的流动过程中也会表现出功能多样性;②生物多样性原理,景观异质性降低会稀释内部物种的多度、增加边缘物种或需要两个及以上景观组分物种的数量和种类,增加潜在物种整体共存或消失的机会,而且生物多样性可以维持较高的稳定性和生产力;③物种流动原理,物种在景观组分之间的扩张或收缩在对景观异质性施加影响的同时,也会受限于这种梯度变化的反馈和控制;④景观变化原理,在无扰动的状态下,景观的水平结构将逐渐呈现出均质性发展趋势,适中强度的干扰会迅速增加景观异质性,而严重程度的干扰带给景观异质性的变化并不确定;⑤景观稳定性原理,景观中斑块的稳定性具有不同的增加方式,一种趋向于物理系统稳定性(没有生物量),另一种趋向于干扰后的迅速恢复(存在生物量),还有趋向于对干扰的高度抗性(存在高生物量);⑥养分再分布原理,景观组分之间矿物养分的再分布速率会随着景观结构所受到干扰强度的增大而提高;⑦能量流动原理,热能和生物量通过景观各组分边界的速率会随着景观异质性的增强而提高。

2.2.3　农业景观格局

农业景观(Agricultural Landscape)作为农耕文化传承和生态环境保护的重要区域,很早便受到欧美日等发达国家的高度重视[35,60]。目前,农业景观格局方面的研究具有以下特点:①更加强调景观特征形成的自然、社会和文化背景,将空间信息系统与景观特征的野外调研、视觉和文化的描述相结合,并开展不同尺度的景观特征分类、功能评价和优化提升;②在景观评价方面,将景观生态格局指标应用于农业景观特征评价,筛选景观特征美学和文化指标与生态环境质量指标,综合评价农业景观特征和质量,并开展景观特征和风貌提升规划;③在景观格局与生态过程耦合研究方面,高度重视景观格局和特征对 N、P 元素流失控制、生物多样性保护影响机制的研究,并开展农业景观异质性对病虫害控制、授粉昆虫保护、水土涵养等生态系统服务功能的影响和评价,提出恢复和修复农业景观生态系统服务功能的方法和技术[129]。

自 20 世纪 90 年代起,我国学者开始将景观生态学原理与方法应用到农业景观方面的研究与实践中,相关研究成果在农业景观动态、分类和评价,农业景观格局与生物多样性及生态系统服务之间的关系,传统农业生态景观特征,农业景观规划设计和建设等方面的研究工作中得到广泛应用[130,141,142]。基于此,农业景观中的生物多样性保护研究也取得了进展:①以农作物多样性和异质性对水分、养分高效利用和病虫害控制研究为基础,分析了不同尺度的农业景观格局对生物多样性的影响机制,并提出农业生物多样性保护的景观生态途径;②探究了农业景观的空间异质性对重要功能群生物,特别是农业天敌生物和传粉生物的多样性及其生态系统服务的影响,并提出相应的农业景观管理方法;③将景观生态学原理与方法应用于农村河道整治、农用地整理等农业工程中,提出农业生态工程设计方法,以绿色基础设施建设保护农业生物多样性,促进农业生态保护与修复[129,130,143]。

2.3 生态水利工程学理论

生态工程学是指将人类社会与自然环境相结合,以达到双方受益的可持续生态系统的设计方法,起源于符合植物化和生命化原理的河道整治工程实践,而后被广泛应用于解决各种生态修复问题。生态水利工程是生态工程在河流生态修复上的应用,对于维持河流的环境多样性和生物多样性以及河流生态系统平衡起到了重要作用。

2.3.1 生态位原理

生态位(Ecological Niche)又被称为"生态龛"或"小生境",由于生态系统中不同生态因子都存在明显的变化梯度,而这其中能够被特定物种占据、使用或适应的部分便被视为该物种的生态位[138,144]。在农业景观中,处于农田边界的农业沟渠在维持稳定水深和良好水质的情况下,便为蛙、蝾螈、蛇等在田间活动的两栖爬行类动物提供了适宜的生态位。

在生态工程设计中,合理利用生态位原理有助于构建一个具备多样化种群的稳定且高效的生态系统。在某个具体的生态区域范围里,自然资源是相对固定且有限的,可以根据不同生物对生态环境产生的影响和作用对其进行匹配,使资源条件得到最大程度的利用,进而实现人工生态系统中生态转化效率的提高和生物资源浪费的减少[138,143,145]。生态景观设计中被广泛应用的"乔、灌、草"相结合的植物配置方法,本质上便是根据层级结构将各种植物种群在地上、地下分层布设,以最大限度地利用不同空间层次的生态位,使有限的光、水、肥、气、热等资源被高效利用,从而实现减少资源浪费、增加生物产量、发挥生态效益等方面功能的最大化[138]。生态工程设计仅从植物结构角度考虑是不够全面的,还需要充分考虑通过植物的多层结构布局来为不同物种提供适宜栖息、繁衍和庇护的小生境,进而构成一个稳定且完整的(人工)复合生态系统。

2.3.2 生态工程设计原则

生态工程设计的基本原则可分为因地、因类制宜原则和生态学原则,其中生态学原则又可细分为若干具体的设计原则[41,138]。就本研究所关注的灌区渠道生态化设计而言,需要重点考虑的是生物多样性原则、环境的时间节律与生物的机能节律原则、生物种群选择原则。

与欧美日等国家的生态工程相比,我国生态工程的生物多样性更高[141]。无论是我国的传统自然观念还是绿色发展新理念,都要求充分利用各类型、多层次的生态位。在生态工程中注重维持和增加生物多样性及食物链网络的复杂性,不仅能够保护和增加生物种类,还可以维持较高的稳定性和生产力[138,146]。

环境因子和生物机能都存在明显的周期性变化规律,具体表现为环境因子的时间节律和生物的机能节律。环境因素和生物机能的变动周期可能是日、周、月、季节、年,这种周期性变动在不同生态系统中的表现也不尽相同。在生态工程设计中,应当充分考虑环境的时间节律与生物的机能节律[138,143]。通常情况下,生物机能与环境因素的节律变化之间存在关联关系,而且在生物种群的选择与适配过程中,需要考虑不同生物的机能节律与当地环境的时间节律的适宜性。

生态工程是目的极为明确的工程建设,因此生态工程需要采取对目标生物种群具有针对性的设计[138,143]。首先,生物种群的选择要依照生态工程建设的主要目标来确定,优先选择的生物种群一定要符合生态工程的建设目标;在同样能够实现主要目标的种群中选择,则尽可能选择还兼具其他功能的生物种群。其次,生物种群的选择要考虑生态工程所在地的自然环境和生物资源,选择适生种群也是生态工程设计中因地、因类制宜原则的体现。

2.3.3　灌溉渠道生态修复

生态水利工程是以生态环境为基础,以系统安全稳定和生物多样性保育为考量的工程方法,可以减少对自然环境造成的伤害,并能够营造生物栖息环境、保护生物多样性、增强面源净化能力、改善水环境质量、提升环境景观美观度、提高经济效益。渠道生态修复工程的基本特征表现为:需要充分了解工程建设对灌区渠道生态系统的胁迫作用,分析渠道形态多样性和生物多样性受到的影响;尽量利用渠道生态系统的自我修复能力,营造生物繁衍和演替的环境,以生态系统恢复来代替重建;在灌溉渠道生态改造的规划和设计中,非必要的情况下不采用工程措施,并减少施工对生态环境的扰动;为恢复和维护渠道的生态环境,在实施生态工程的过程中要注意因地制宜、就地取材,采取种植先锋物种或本土物种的措施;由于灌溉渠道大部分时间处于低流量状态,末级渠系在非灌水期还会处于较低的水位,渠道生态修复必须考虑低流量和低水位情况下生物栖息环境和避难空间的营造;为维持生物多样性,渠道生态修复尽量采用植生、块石等多孔质材料,但考虑到施工的任务量、效率和成本等因素,可以通过对混凝土材料进行结构或材质方面的局部生态改造来缓解其可能对渠道生态环境造成的负面影响[15,31,42]。灌溉渠道生态修复应当围绕"水清、河畅、岸绿、景美"的建设内容和目标展开(图 2.3)[26,27,31,41]。

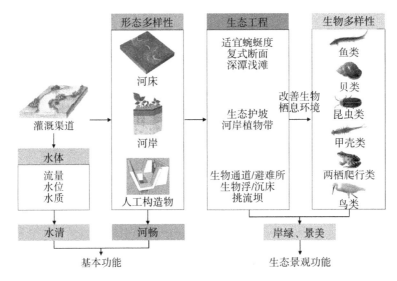

图 2.3　灌溉渠道生态修复的建设内容和目标

在水体方面,由于人为的改造和调控,灌溉渠道的流量和水位可能会存在较大的波动,水质也会受到农业面源污染的影响;在渠道形态方面,为保证水流通畅和边坡稳定,灌溉渠道的形态多呈现出顺直化、均一化的特点,但渠道的形态多样性是其生物多样性的基础,需要采取改造渠道形态和增设人工构造物的生态工程方法。可以通过设置适宜蜿蜒度、运用复式断面和深潭浅滩来改善渠道的河床形态,可以在渠道的边坡和岸边上建设生态护坡和植物带,可以在渠道中增加生物通道、生物浮床和挑流坝等人工构造物,这些常见的生态工程方法都能够改善灌溉渠道的生物栖息环境。在渠道生态系统中,长期生活着鱼类、贝类、昆虫类、甲壳类、两栖爬行类和鸟类等物种,生物多样性丰富。由于灌溉渠道兼具生产、生活和生态功能,其中水清、河畅为基础功能,即保证输水能力、结构安全,而岸绿、景美则属于生态景观功能,所以灌溉渠道实施生态工程要根据渠道等级、输水要求等实际情况来选择工程措施,特别是对面广量大的灌区末级渠道,不宜采取拆除重建的方式,应尽量通过对原有结构进行局部改造来实现渠道生态化建设。

目前,灌溉渠道的生态化改造主要针对断面形式和衬砌方式两个方面。灌溉渠道断面形式的选择需要根据渠道等级(灌溉面积和分配水量)及其相应的结构体安全稳定性和输配水效率要求,并结合生态保育目标来确定。常见的灌溉渠道断面形式为矩形、U形和梯形,断面形式采取缓坡设计就不会隔断农田生态系统和沟渠生态系统,既便于田间两栖动物在水域与陆域之间自由迁移,还可以减少沟渠内水位变幅大所带来的生态冲击。相关研究和实践表明,适当放缓沟渠的坡度是保护生态环境的有效措施[67-70,147]。灌溉渠道的衬砌形式通常为"硬质化""三面光",这种衬砌方式不仅割裂了土壤和水体的联系,破坏了沟渠内水生和两栖动物的栖息环境,还因坡面硬化后无植被覆盖,引起沟渠内水温和局部小环境变化,难以为水生和两栖动物提供荫蔽和食物来源。因此,灌溉渠道的衬砌形式可采取表面多孔粗糙化设计,为动植物的生存繁衍提供空间[30,61]。

2.4　本章小结

本章从农业生物多样性保护的角度出发,分析了灌溉渠道作为半自然生境的生态功能以及作为两栖动物迁移廊道对农业生产和灌区生态的影响,探讨了生物通道设计的考虑因素;结合农业景观生态学理论,分析了灌区防渗渠道所造成的农业景观破碎化对蛙类生境利用和迁移行为的影响,阐述了将生态学原理应用于灌区渠道工程建设的必要性;根据生态水利工程学理论,重点考虑生物多样性、环境时间节律与生物机能节律、生物种群选择等生态工程设计原则,分析了灌区渠道生态修复工程的基本特征以及"水清、河畅、岸绿、景美"的实现路径。

第三章
灌溉渠道对黑斑蛙迁移行为的影响研究

本章重点关注黑斑蛙的生态习性和运动能力及其影响因素。在开展灌溉渠道生物通道的设计与试验研究之前,需要充分了解保护对象的生长周期、形态、运动行为等方面的物种特征,以及灌溉渠道可能会从哪些方面、在什么程度上对目标物种的生存和迁移造成负面影响。为更加全面地探究灌溉渠道对黑斑蛙迁移行为的影响机理,本章在开展黑斑蛙运动能力及其影响因素试验的基础上,分析黑斑蛙的身体形态、跳跃和攀爬能力,通过建立线性回归模型来表征黑斑蛙运动能力自身因素之间的相关关系,并通过观察和记录黑斑蛙的逃脱过程,分析其上跳运动特征以及体形和生物通道坡度对其上跳过程的影响。由于能够表现黑斑蛙攀爬能力的极限坡度是离散数据,为进一步探究黑斑蛙逃脱能力的整体水平,本章对黑斑蛙运动能力影响因素进行灰色关联分析,得出最具代表性的样本数据来验证线性回归关系式的合理性。上述试验结果,为蛙道设计参数的取值提供了参考依据。

3.1 研究区域概况

3.1.1 自然地理

涟东灌区位于江苏省淮安市涟水县东部,地处徐淮黄泛平原、淮河流域沂沭泗河水系下游,耕地总面积 40.3 万亩①,设计灌溉面积 32.5 万亩,是全国大型灌区之一,属于典型的苏北平原灌区[148,149]。为推进大型灌区建设,涟东灌区在2015—2019 年持续开展节水改造和续建配套项目,已建成完善的农田灌排工程体系,并即将推进灌区现代化改造,进一步提高农业用水效率、改善农村生态环

---

① 1 亩＝1/15 hm²。

境。涟东灌区的地形地貌受黄河改道、夺淮入海的影响极大,所属苏北废黄河冲积平原区的局部地势呈现出南高北低的态势。灌区境内河网密度和结构条件良好,东南部有黄河故道,北部有涟中干渠和涟中二支渠,西部有一帆河和古盐河,基本可以满足自流灌溉的引水要求,但在北部的局部高地势地区仍需要采用小型泵站提水灌溉[148,149]。

涟东灌区所属的涟水县地处暖温带半湿润季风气候区,气候类型具有明显的季风性、季节性和过渡性,特征表现为四季分明、雨热同期、光照充足、温湿多变。历年平均雨日为 104 d,水旱灾害较为频繁;年平均气温 14 ℃,年极端最高气温和最低气温分别为 39.1 ℃和一20.9 ℃;年平均风速 2.9 m/s,常年主导风向为偏东风;年平均降水量 982 mm,年最大降水量 1 426.6 mm、最小降水量626 mm,6~9 月汛期时段占全年降水总量的 67%;年平均日照时长 2 418 h,年平均蒸发量 1 416 mm[148,149]。涟东灌区具有良好的气候条件、充足的降水和热量资源,非常适合发展农业以及开展现代化灌区建设。

3.1.2　土壤植被与生物资源

涟东灌区境内的土壤受到地势高低和距离泛滥河道远近等因素的影响,具有多种土壤类型。其中,最主要的土壤类型是含沙量多、渗水速度快、保水性能差的砂质土。为保证农业灌溉用水效率,涟东灌区陆续开展了大规模灌溉渠道防渗工程建设[148,149]。涟东灌区内的植被分布具有淮河流域地带性特点,林木植被以落叶阔叶林为主,农田防护林带以杨树为主;农业植被主要为稻麦等粮食作物。境内水生动植物资源丰富,具有水生植物 30 多种、水生动物 80 多种;动物资源除家禽、家畜之外,还有鹭鸟等鸟类以及青蛙、蛇等两栖爬行类,其中部分种类属于国家保护动物[148-150]。

3.1.3　灌溉渠道工程建设

涟东灌区作为国家级大型灌区,是重要的商品粮生产基地,境内能够实现农田有效灌溉的面积占到耕地总面积的 80%以上,农村水利基础设施建设较为完善且工程管护模式和效果良好,农田灌溉水有效利用系数在 0.6 以上,灌溉设计保证率在 85%以上[148,149]。涟水县大中型灌区水利工程布置如图 3.1 所示。

涟东灌区建有总干渠 1 条,长度为 24 km;干支渠等骨干渠系共计 27 条,总长度为 189.6 km;斗农渠等末级渠系共计 1 624 条,总长度为 1 122.99 km。为实现农业高效节水,渠道防渗输水灌溉工程在涟东灌区节水改造项目建设中得到广泛应用,骨干渠道已全部完成防渗改建,末级渠道的混凝土衬砌比例约为

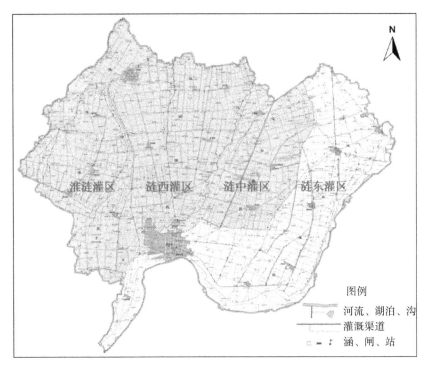

图 3.1 涟水县大中型灌区水利工程示意图

42%[148]。根据相关调查结果,每 100 m 硬质化沟渠内平均每年发现的因无法逃脱表面光滑无孔质且边坡比(坡度)大、深度大的混凝土防渗渠道而死的两栖动物就有 2~3 只[68]。由此推测,涟东灌区境内的硬质化农渠(约 569.52 km)中每年就有至少 1 万只受困两栖动物因缺水和暴晒而死。根据相关研究成果,大型灌区灌溉渠道工程建设现存问题如表 3.1 所示[147,151-154]。

表 3.1 大型灌区灌溉渠道工程建设现存问题

建造材料	设计特点	功能性	生态性
混凝土、浆砌石	边坡稳定性高,渗水率低,输配水效率高;混凝土抹面的渠壁光滑且边坡比大,生物通过性差、逃脱率低,不适宜田间生物栖息和繁衍	强	弱
泥土、植被	边坡稳定性差,渗水率高,输配水效率低;渠壁糙度大且边坡比较小,生物通过性好、逃脱率高,适宜田间生物栖息和繁衍	一般	较高

由此可知,在新一轮的大型灌区续建配套和现代化改造项目建设中,涟东灌区在灌排工程提档升级的基础上会更加注重生态环境保护,在保证输配水能力

和效率的同时以灌溉渠道工程的生态改造来促进农业生物多样性保护和农业面源污染防控[149]。由于涟东灌区内建有完善的灌排工程体系,具备适合现代化灌区建设的基础条件,存在数量多、分布广且亟需实施生态化改造的灌区末级防渗渠道,因此本研究选择在此开展灌溉渠道生物通道研究的调研和试验工作。此外,涟东灌区具有苏北平原灌区的典型特征,而且其所处的涟水县是农业大县,境内除涟东灌区外还有 2 处大型灌区(涟西灌区、淮涟灌区)和 1 处中型灌区(涟中灌区),全县耕地总面积 152.82 万亩、有效灌溉面积 104.5 万亩,硬质化农渠的长度超过 1 100 km[148]。因此,在涟东灌区取得的研究成果能够在涟水县其他大中型灌区甚至是其他苏北平原灌区进行推广应用,进而解决各大灌区中普遍存在的两栖动物生境破碎化问题。

3.2　黑斑蛙运动能力及其影响因素的试验研究

3.2.1　试验对象

本研究选择以黑斑侧褶蛙(简称"黑斑蛙",拉丁学名:*Pelophylax nigro-maculatus*)为代表的农田蛙类作为试验对象,通过对黑斑蛙开展形态特征和爬坡(逃生)能力试验,分析黑斑蛙的身体形态和运动能力特征,并进一步探究灌区防渗渠道对黑斑蛙迁移或逃脱行为的影响。黑斑蛙是被列入"三有"动物名录的两栖类物种,在我国数量多、分布广,而且在农业生态系统中能够控制农田害虫、提高粮食产量、减少农药使用,进而起到防控农业面源污染、保护生态环境的作用,是具有重要生态、科学、社会价值的国家重点保护野生动物[155-160]。黑斑蛙是涟东灌区以及华东地区最主要的本土蛙类,俗称青蛙或田鸡,因其在农业景观中的数量多且生态价值高,故以黑斑蛙作为目标物种的灌溉渠道生物通道研究成果能够适用于其他地区的两栖类生物多样性保护。

(1)黑斑蛙的形态特征

相关研究成果表明,在我国稻田区生活的黑斑蛙雄性成蛙的常见体长为4.9~7.0 cm,雌性成蛙的常见体长为 3.5~9.0 cm[155,159]。体长的区间范围较大且体重的区间范围难以明确,究其原因是黑斑蛙的分布范围极广,各项形态指标难免存在地域差异。因此,本研究以在涟东灌区通过实测得到的黑斑蛙形态指标数据为基准开展后续的生物通道研究,而且在研究区得到的数据(雄蛙体长6.1~7.9 cm,雌蛙体长 6.1~7.9 cm)基本上都处于上述区间范围内,属于中上水平。除体形大小以外,各地区的黑斑蛙具有相同且明显的形态特征,使之区别于其他蛙类物种[155,159,160]。具体表现为:头长大于头宽,吻部略尖、吻端钝圆且吻棱并不突出;瞳孔呈横椭圆形,鼓膜约为眼径的 2/3～4/5,眼间距则比上眼睑宽小。背部表皮较粗糙,背侧褶宽平且有不规则的肤棱分布其间;肩上方无扁平腺体,体侧有长疣和痣粒;胫部处背面有纵肤棱,躯干和四肢的腹面平滑。指(趾)末端钝尖,后肢较短,贴躯体前伸时胫跗关节可至鼓膜和眼之间,左右跟部不相遇,而且胫长不足吻肛长度的一半。黑斑蛙的体色变异范围很大,多为蓝绿、暗绿、黄绿、灰褐、浅褐等田间保护色,个体的背脊中部可能有浅绿色脊线,体背和体侧可能有黑色斑纹,躯干和四肢的腹面均呈浅肉色。雄蛙第一指有灰色婚垫,颈侧有外声囊和雄性线等第二性征。

（2）黑斑蛙的生活习性

黑斑蛙广泛生活于平原或丘陵的水田、池塘以及湖沼地区,昼间常隐匿于草丛和泥洼之中,活动时段常为黄昏和夜间。由于跳跃能力强,它能够捕食昆虫纲、腹足纲、蛛形纲等田间小动物,包括多种危害农作物的生物。黑斑蛙成蛙的冬眠起始时间一般为 10 月至 11 月,持续到次年的 3 月至 5 月出蛰,繁殖期为 3 月下旬至 4 月。在变态发育完成前,卵和蝌蚪在静水洼地中生长发育,幼体变态后则以陆栖生活为主[155,159,160]。

黑斑蛙的分布范围很广,在我国除新疆、西藏、海南和台湾外均有分布,在国外主要分布于俄罗斯、朝鲜半岛、日本。虽然地理分布范围大,但因过度捕捉和栖息地的生态环境质量下降,黑斑蛙种群数量急剧减少,目前处于近危状态(NT)[161,162]。

3.2.2　试验设计与统计分析

（1）试验设计

由生物调查结果可知,黑斑蛙的发育过程分为 4 个阶段,首先是受精卵,4～8 d 后孵化成蝌蚪,70～78 d 后长出四肢成为幼蛙,90～120 d 后发育为成蛙,整个生长周期为 6～7 个月[17,155]。考虑到研究区内主要农作物(水稻)的灌水周期与黑斑蛙生长周期的重叠以及灌溉末级渠系退水干枯对黑斑蛙生存状况的影响,选择 7 月底的黑斑蛙作为试验样本。因为通常情况下,灌区内水稻在此阶段处于非灌水期,混凝土防渗渠道会对尚未发育完全的黑斑蛙的生存状况造成极大的影响。黑斑蛙生长周期、水稻生育周期和灌水周期如图 3.2 所示。

根据陆生野生动物资源调查分析方法,本研究采取样线法在涟东灌区的田间采集黑斑蛙[163]。具体方法是在黑斑蛙出蛰并进入繁殖期的 4 个月之后开展调查,根据黑斑蛙在研究区的栖息地类型、活动范围和生态习性在野外布设样线。由于试验人员在调查区域沿样线步行进行调查和捕捉,活动范围有限,样线

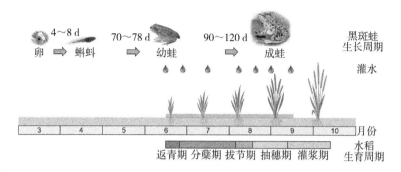

图 3.2 黑斑蛙生长周期、水稻生育周期和灌水周期

的单侧宽度设置为 2～5 m;试验所设置的样线均匀分布在研究区内,考虑到黑斑蛙的生物机能节律,样本采集活动主要在夜间 19:00 至 22:00 进行。黑斑蛙的形态特征和爬坡能力试验首次于 2019 年 7 月至 9 月进行,而后于 2021 年 7 月至 9 月进行补充试验。由于在野外生存的黑斑蛙跳跃能力强、反应迅速且具有保护色,本试验开展了多次采集工作,共采集 60 只样本用于黑斑蛙身体形态和运动能力特征分析,包括 30 只雄蛙和 30 只雌蛙。考虑到黑斑蛙的体形特征和运动能力存在明显的性别差异[13,14],本研究将黑斑蛙样本按性别区分。对编号为♂1～30 和♀1～30 的黑斑蛙样本逐一进行测试,并在试验期间将其放在模拟自然生境的水族箱中。为了避免对黑斑蛙的生理机能造成影响,试验分批次完成,每次试验会在 7 天内完成并在试验结束后将黑斑蛙送回初始栖息地。

在野生动物通道设计中,两栖类动物身体形态指标的测量结果被广泛应用,而且最常用的是能够直观描述体形特征的体重和体长。然而,现有研究成果对两栖类动物的运动能力及其性别差异的关注较少[14,95]。本研究为更准确全面地了解黑斑蛙的身体形态和运动行为等方面的物种特征,分析灌区防渗渠道对黑斑蛙迁移行为的影响,进行了形态特征和运动能力试验以获取黑斑蛙体重、体长、跳远距离、跳高高度以及在不同坡面材质上的极限坡度(成功逃脱的坡度阈值)等基础数据。

黑斑蛙的体重采用电子秤测量,体长(吻肛长度)采用游标卡尺测量[14,95,96]。将黑斑蛙置于长度为 130 cm、宽度为 90 cm 的木质板材上,测量其跳远距离,木质板材的表面粗糙度能够满足黑斑蛙进行跳跃和爬行等活动的需要;跳远测试全程录像,并利用图像处理方法进行测距,为在图像中准确显示出黑斑蛙的位置变化,选取砖红色作为基底颜色。将黑斑蛙置于直径为 80 cm、高度为 90 cm 的 PVC 桶中,测量其跳高高度;与跳远测试相同,跳高测试也采用试验全程录像且利用图像处理的方法进行高度测量。由于黑斑蛙可能会在长时间内保持静止状态而且跳跃时机的选择具有明显的不确定性,在试验过程中采用研究区田间常见的禾本科植物狗尾草(*Setaria viridis*)来刺激黑斑蛙跳跃;并利用小型喷雾器使黑斑蛙的皮肤保持湿润,以保证其生理机能和运动能力不受环境变化的干扰;由于黑斑蛙跳跃的方向和力度具有明显的随机性,试验中仅保留能够反映黑斑蛙跳跃能力的数值作为有效数据[93]。

在试验的设计和实施阶段,为提高试验结果的准确性,试验人员曾多次尝试在黑斑蛙的背部涂抹荧光标记、趾部做染色标记以准确记录黑斑蛙的跳跃能力和运动轨迹。但由于黑斑蛙的皮肤腺会分泌大量的黏液,以保持皮肤表面光滑湿润,因而不利于作标记,而且涂抹标记物会影响黑斑蛙表皮进行呼吸和维持水盐平衡,进而影响其生理机能和运动能力,因此本试验未采取相关的动物标记方法。每项跳跃能力测试重复 5 次,每次试验间隔 1 min,根据图像资料记录数据并计算平均值和标准差。黑斑蛙样本的跳远距离和跳高高度测量如图 3.3 所示。

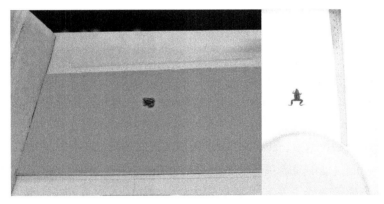

图 3.3　测量黑斑蛙的跳远距离和跳高高度

本研究制作了草皮、反坡阶梯、碎石、混凝土等 4 种不同坡面材质的矩形板材(长 130 cm、宽 90 cm),用于模拟相应坡面材质的灌溉渠道护坡。为模拟原生植被护坡的坡面条件,自制草皮护坡选用研究区灌溉渠道护坡上常见的禾本科植物狗牙根(*Cynodon dactylon*,即百慕大草);为使黑斑蛙在爬坡逃脱过程中具有蹲立停歇点和跳跃支撑点,反坡阶梯在竖直方向上的间距为 10 cm,水平阶面的宽度为 4 cm(参考躯干厚度);为便于黑斑蛙通过抓握坡面上嵌入的碎石进行爬坡逃脱,选用直径为 1~2 cm 的碎石,碎石的布置间距均为 4 cm(参考躯干宽度和体长);混凝土坡面采用常规的抹面防渗技术,坡面条件与灌区防渗渠道相同。

　　上述试验材料的选取和制作以文献调研和实地调查的数据资料为依据,尽可能模拟涟东灌区内灌溉渠道不同坡面材质的现实情况,其中具体参数的设定还需要通过试验和分析来完善与修正[95-97]。将每只黑斑蛙放到指定坡面材质斜坡的底部,依次进行不同坡度的逃脱试验(坡度初始值为 35°、间隔值为 5°),从某一坡度成功逃脱才能进行坡度大 5°的生物通道的逃脱试验。60 只黑斑蛙样本依次进行试验,用于测量黑斑蛙极限坡度的 4 种坡面材质如图 3.4 所示。

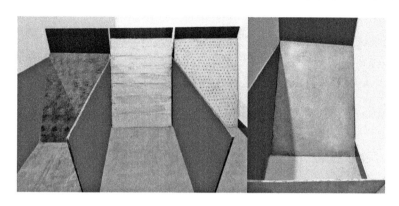

图 3.4　用于测量黑斑蛙极限坡度的坡面材质

　　在黑斑蛙爬坡逃脱试验过程中,观察和记录得到的利用斜坡成功逃脱的黑斑蛙的上跳次数和逐次上跳高度数据呈现出某种规律性。在第二次极限坡度测试后(2021 年 9 月),为进一步分析黑斑蛙在爬坡逃脱过程中表现出的上跳运动特征,本研究补充开展黑斑蛙的上跳运动特征试验。试验中将 20 只雄蛙和20 只雌蛙逐一置于反坡阶梯坡面上进行不同坡度的逃脱试验,观察并记录黑斑蛙逃脱过程的上跳次数、每次上跳的高度和运动轨迹(试验全程录像)。仅采用占样本总数 2/3 的黑斑蛙进行上跳运动特征试验是因为试验周期持续时间较长会影响黑斑蛙的生理机能和运动能力。黑斑蛙的形态特征和爬坡能力试验分两次完成,第一次试验的样本量为 20,但因样本量较小,未能从试验结果中发现相关规律,便采用第二次试验中的 40 只样本进行补充试验。选择反坡阶梯作为本次黑斑蛙逃脱试验的坡面材质的原因在于,反坡阶梯是在混凝土坡面上形成凸棱结构,便于黑斑蛙跳跃和停歇,能够较为直观地反映黑斑蛙的逃脱策略和运动轨迹。

　　(2)统计分析

　　本研究分析影响黑斑蛙运动能力的身体形态和运动能力等自身因素之间的相关性,采用 Pearson 相关性分析,探究黑斑蛙的体重、体长及跳高高度、跳远距离之间的相关关系,并以体重作为自变量建立线性回归模型;再进一步分析黑斑蛙的上跳运动特征,采用单因素方差分析(One-way ANOVA)探究黑斑蛙4种体形特征(以体重为依据)和6种斜坡(反坡阶梯坡面)坡度对黑斑蛙爬坡逃脱的第一跳高度和上跳次数的影响。

3.2.3 黑斑蛙的身体形态和运动能力特征

（1）身体形态和运动能力

根据前人的研究成果,蛙类的跳跃和攀爬能力与体形有关[13,14,95-97]。选择黑斑蛙的体重和体长作为身体形态指标,以跳高高度和跳远距离作为运动能力指标,黑斑蛙样本的身体形态和运动能力数据如表3.2所示。全部黑斑蛙样本的体重范围为27.8~68.0 g,平均值为40.3±7.3 g;体长范围为6.1~7.9 cm,平均值为6.8±0.4 cm;跳远距离范围为33.4~77.2 cm,平均值为57.0±10.0 cm;跳高高度范围为19.2~45.0 cm,平均值为32.4±4.8 cm。

表3.2 黑斑蛙的身体形态和运动能力数据

统计值		身体形态		运动能力	
		体重(g)	体长(cm)	跳远距离(cm)	跳高高度(cm)
雄蛙	范围	29.4~47.7	6.1~7.6	33.4~75.2	19.2~45.0
	平均值	38.0±4.0	6.8±0.3	56.3±9.4	32.0±5.2
雌蛙	范围	27.8~68.0	6.1~7.9	40.2~77.2	25.7~45.0
	平均值	42.5±9.0	6.9±0.5	57.6±10.6	32.9±4.3
总体	范围	27.8~68.0	6.1~7.9	33.4~77.2	19.2~45.0
	平均值	40.3±7.3	6.8±0.4	57.0±10.0	32.4±4.8
平均值比例(雄/雌)		0.89	0.99	0.98	0.97

雄蛙和雌蛙的身体形态和运动能力数据如图3.5所示。雄蛙体重为29.4~47.7 g,平均值为38.0±4.0 g;体长为6.1~7.6 cm,平均值为6.8±0.3 cm;跳远距离为33.4~75.2 cm,平均值为56.3±9.4 cm;跳高高度为19.2~45.0 cm,平均值为32.0±5.2 cm。雌蛙体重为27.8~68.0 g,平均值为42.5±9.0 g;体长为6.1~7.9 cm,平均值为6.9±0.5 cm;跳远距离为40.2~77.2 cm,平均值为57.6±10.6 cm;跳高高度为25.7~45.0 cm,平均值为32.9±4.3 cm。

图3.5中横坐标是以雄蛙或雌蛙的体长为依据进行重新排序,体长沿坐标轴逐渐变大。从图中可以看出,随着黑斑蛙体长的增加,体重、跳高高度和跳远距离在整体上均呈现上升趋势,符合相关研究成果。其中,跳远距离的上升趋势

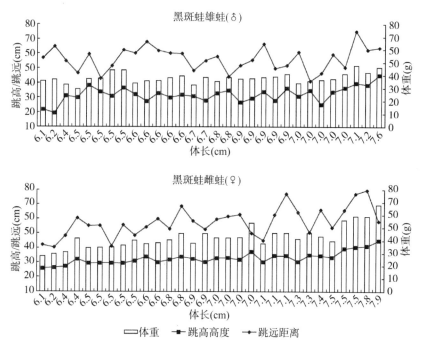

图 3.5 雄蛙和雌蛙的身体形态和运动能力数据

较弱,数据波动的幅度和频率较大。试验数据已经展示出黑斑蛙的运动能力会随着身体形态的增长而提高的变化趋势,但还需要通过相关性分析来进一步探究黑斑蛙各项自身因素之间的相关关系。与雄蛙相比,雌蛙的身体形态更大、运动能力更强,而且数据区间更大、标准差较大。雄蛙的体重、体长、跳远距离和跳高高度的平均值分别仅为雌蛙的 0.89、0.99、0.98 和 0.97,两者之间体重的差距最大、体长的差距最小。

（2）相关分析和回归分析

黑斑蛙的体重、体长、跳高高度、跳远距离等自身因素的 Pearson 相关性分析结果表明,黑斑蛙的 2 项身体形态指标和 2 项运动能力指标之间均存在显著的正相关性($r > 0, p \leqslant 0.01$)。除了体长与跳远距离、跳高高度为中度相关之外($r = 0.436 < 0.7, r = 0.624 < 0.7$),其余变量之间均为高度相关($r \geqslant 0.7$),其中体重与跳高高度的相关系数最大($r = 0.827$),跳远距离与跳高高度的相关系数最小($r = 0.722$)。体重与其他 3 个变量之间均存在高度相关,相关程度从高到低依次为:跳高高度＞跳远距离＞体长。黑斑蛙运动能力自身因素之间的相关系数如图 3.6 所示。

因此,将体重（w）作为自变量,选择体长（l）、跳远距离（d）和跳高高度

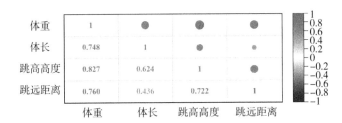

图 3.6　黑斑蛙运动能力自身因素的相关性分析

(h)作为因变量,建立线性回归模型且拟合效果较好$(R^2>0.7)$。线性回归关系式如下:

$$l=0.040w+5.209 \tag{3.1}$$

$$d=1.042w+15.024 \tag{3.2}$$

$$h=0.543w+10.561 \tag{3.3}$$

黑斑蛙样本的体重平均值为40.3 ± 7.3 g,将$w=40.3$ g代入上述 3 个线性回归方程中得到$l=6.8$ cm、$d=57.0$ cm、$h=32.4$ cm,计算结果与实测数据的平均值基本一致($l_{平均}=6.8\pm0.4$ cm,$d_{平均}=57.0\pm10.0$ cm,$h_{平均}=32.4\pm4.8$ cm)。因此,建立的线性回归方程能够准确反映自变量与因变量之间的影响关系,即黑斑蛙运动能力自身因素之间的相关关系。

研究结果表明,黑斑蛙的身体形态与运动能力之间存在显著的正相关性,体形越大则跳跃能力越强,而且跳高高度和跳远距离对体重的响应更敏感。上述结论与前人研究结论"蛙类体重与跳高高度和跳远距离均为正相关关系""蛙类的体重是影响其跳跃能力的最主要因素"[13,92]一致。

3.2.4　黑斑蛙在不同坡面材质上的极限坡度

极限坡度是指在不同生物通道坡度的黑斑蛙爬坡逃脱试验中,黑斑蛙个体能够成功逃脱的最大坡度,即成功逃脱的坡度阈值。研究黑斑蛙逃脱的极限坡度及其影响因素对设计适宜坡度的灌溉渠道生物通道具有重要参考价值[16,95-97]。

黑斑蛙在 4 种坡面材质上的极限坡度占比如图 3.7 所示。在混凝土坡面上,占样本总数 60.0% 的黑斑蛙的极限坡度为 $40°$,超过 80.0% 的黑斑蛙无法通过坡度大于 $50°$ 的斜坡;在反坡阶梯坡面上,占样本总数 41.7% 的黑斑蛙的极限坡度为 $50°$,25.0% 的黑斑蛙的极限坡度为 $55°$,超过 70.0% 的黑斑蛙能够通过坡度大于50°的斜坡;在草皮坡面上,占样本总数31.7%的黑斑蛙的极限坡度为70°,21.7%的黑斑蛙的极限坡度为65°,全部黑斑蛙能够通过坡度大于55°的斜坡,超过80.0%的黑斑蛙能够通过坡度大于60°的斜坡;在碎石坡面上,占样本总数38.3%的黑斑蛙的极限坡度为70°,26.7%的黑斑蛙的极限坡度为75°,全部黑斑蛙能够通过坡度大于60°的斜坡,超过85.0%的黑斑蛙能够通过坡度大于65°的斜坡。由此可知,黑斑蛙在不同坡面材质上的极限坡度从大到小依次为:碎石>草皮>反坡阶梯>混凝土。在灌溉渠道工程建设中使用率最高的混凝土坡面的生境连通性较差,大多数受困蛙类难以从坡度超过40°的混凝土防渗渠道中成功逃脱;碎石、草皮和反坡阶梯这3种坡面材质均有利于渠内蛙类进行爬坡逃脱,其中碎石和草皮坡面的生境连通效果更好,碎石和反坡阶梯坡面更适合灌区末级渠道进行局部结构生态改造,草皮坡面(研究区本土物种狗牙根)更适合灌区骨干渠道进行生态护坡建设。

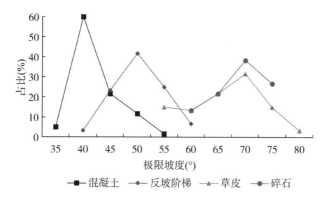

图 3.7 黑斑蛙在 4 种坡面材质上的极限坡度占比

雄蛙在4种坡面材质上的极限坡度占比如图3.8所示。在混凝土坡面上,占样本总数63.3%的雄蛙的极限坡度为40°,超过95.0%的雄蛙无法通过坡度大于50°的斜坡;在反坡阶梯坡面上,占样本总数36.7%的雄蛙的极限坡度为50°,极限坡度为45°和55°的雄蛙均占26.7%,超过70.0%的雄蛙能够通过坡度大于50°的斜坡;在草皮坡面上,占样本总数33.3%的雄蛙的极限坡度为70°,极限坡度为55°、65°和75°的雄蛙均占20.0%,全部雄蛙能够通过坡度大于55°的斜坡,80.0%的雄蛙能够通过坡度大于60°的斜坡;在碎石坡面上,占样本总数33.3%的雄蛙的极限坡度为70°,23.3%的雄蛙的极限坡度为75°,全部雄蛙能够通过坡度大于60°的斜坡,超过85.0%的雄蛙能够通过坡度大于65°的斜坡。

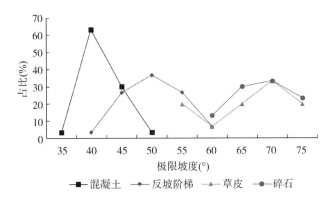

图 3.8 雄蛙在 4 种坡面材质上的极限坡度占比

雌蛙在 4 种坡面材质上的极限坡度占比如图 3.9 所示。在混凝土坡面上，占样本总数 56.7% 的雌蛙的极限坡度为 40°，超过 75.0% 的雌蛙无法通过坡度大于 50° 的斜坡；在反坡阶梯坡面上，占样本总数 46.7% 的雌蛙的极限坡度为 50°，极限坡度为 45° 和 55° 的雌蛙分别占 20.0%、23.3%，超过 75.0% 的雌蛙能够通过坡度大于 50° 的斜坡；在草皮坡面上，占样本总数 30.0% 的雌蛙的极限坡度为 70°，极限坡度为 65° 和 60° 的雌蛙分别占 23.3%、20.0%，全部雌蛙能够通过坡度大于 55° 的斜坡，90.0% 的雌蛙能够通过坡度大于 60° 的斜坡；在碎石坡面上，占样本总数 43.3% 的雌蛙的极限坡度为 70°，30.0% 的雌蛙的极限坡度为 75°，全部雌蛙能够通过坡度大于 60° 的斜坡，超过 85.0% 的雌蛙能够通过坡度大于 65° 的斜坡。

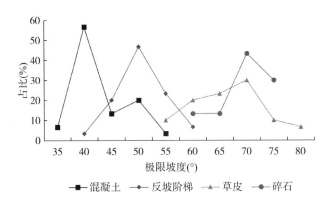

图 3.9 雌蛙在 4 种坡面材质上的极限坡度占比

与雄蛙相比，雌蛙在不同坡面材质上的极限坡度更大，即跳跃和攀爬能力更强，受困在灌溉渠道内而无法逃脱的概率更低，但优势并不明显。除了在碎石阶梯坡面上雌蛙的极限坡度明显大于雄蛙以外,雄蛙和雌蛙在其他 3 种坡面材质上的极限坡度基本相同,大多数黑斑蛙的极限坡度超过混凝土坡面 40°、反坡阶梯坡面 50°、草皮坡面 60°、碎石坡面 65°。

3.2.5　黑斑蛙的上跳运动特征

（1）上跳高度和上跳次数

对黑斑蛙依次进行利用坡度为 45°、50°、55°、60°、65° 和 70° 的生物通道逃脱的试验(坡面材质为反坡阶梯),利用某一坡度生物通道成功逃脱才能进行坡度提高 5° 的逃脱试验。40 只黑斑蛙样本中,3 只通过了全部 6 种坡度,5 只通过了5 种坡度,8 只通过了 4 种坡度,6 只通过了 3 种坡度,7 只通过了 2 种坡度,11 只仅通过了 1 种坡度。观察并记录每只黑斑蛙利用不同坡度生物通道成功逃脱的上跳次数和每次上跳的高度,成功逃脱黑斑蛙的前三次上跳高度和上跳次数的平均值如图 3.10 所示。

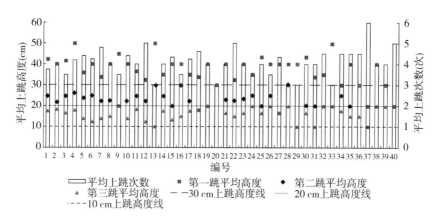

图 3.10　成功逃脱的黑斑蛙的上跳次数和前三次上跳高度平均值

图 3.10 中,横坐标的黑斑蛙编号是以体重为依据进行重新排序,体重沿坐标轴逐渐变小。选择以体重指标来表征黑斑蛙的体形是因为相关性分析的结果表明,体重与其他 3 项黑斑蛙运动能力自身因素之间均存在高度相关。从图中可以看出,随着黑斑蛙体重的减小,第一跳平均高度整体呈现波动下降趋势,即黑斑蛙的体形大小可能会影响其在逃脱过程中的上跳高度,但第二跳和第三跳的平均高度未表现出明显的下降趋势,而且数据波动的幅度和频率较大。然而,黑斑蛙在逃脱过程中上跳高度逐次下降的规律十分明显,第一跳的平均高度基本上都位于 30 cm 上跳高度线以上,第二跳和第三跳的平均高度也分别位于 20 cm 和 10 cm 上跳高度线以上。成功逃脱的黑斑蛙的平均上跳次数并未表现

出与黑斑蛙体形特征相关的变化趋势,但除编号为 37 的样本以外,平均上跳次数均在 5 次以内。

黑斑蛙前三次上跳平均高度的占比如图 3.11 所示,第一跳高度平均值在 20～60 cm 的范围内,5％的黑斑蛙的第一跳的平均高度为 20～30 cm[①]、37.5％的黑斑蛙第一跳的平均高度为 30～40 cm、50％的黑斑蛙第一跳的平均高度为 40～50 cm、7.5％的黑斑蛙第一跳的平均高度为 50～60 cm;第二跳高度平均值在 10～50 cm 范围内,7.5％的黑斑蛙第二跳的平均高度为 10～20 cm、75％的黑斑蛙第二跳的平均高度为 20～30 cm、15％的黑斑蛙第二跳的平均高度为 30～40 cm、2.5％的黑斑蛙第二跳的平均高度为 40～50 cm;第三跳高度平均值在 10～40 cm 范围内,72.5％的黑斑蛙第三跳的平均高度为 10～20 cm、25％的黑斑蛙第三跳的平均高度为 20～30 cm、2.5％的黑斑蛙第三跳的平均高度为 30～40 cm。由此可知,黑斑蛙在逃脱过程中的第一跳和第二跳的平均高度均呈正态分布,第一跳平均高度主要集中在 30～50 cm,占比达 87.5％;第二跳平均高度主要集中在 20～40 cm,占比达 90％;第三跳高度则呈下降趋势,主要集中在 10～30 cm,占比达 97.5％。

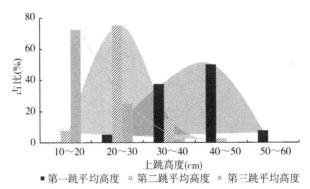

图 3.11　黑斑蛙前三次上跳平均高度的占比

黑斑蛙平均上跳次数的占比如图 3.12 所示,上跳次数平均值在 3～6 次的范围内,27.5％的黑斑蛙的平均上跳次数为 3～4 次、62.5％的黑斑蛙的平均上跳次数为 4～5 次、7.5％的黑斑蛙的平均上跳次数为 5～6 次、2.5％的黑斑蛙的平均上跳次数为 6～7 次。由此可知,占黑斑蛙样本总数 90％的个体通过少于 5 次的平均上跳次数便能够从渠内成功逃脱。

通过 6 种坡度生物通道成功逃脱的黑斑蛙的上跳次数和前三次上跳高度平均

---

　① 　本部分数据段范围均包含起点数据,不包含终点数据。

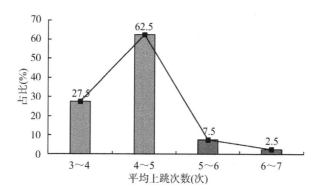

图 3.12　黑斑蛙平均上跳次数的占比

值如图 3.13 所示,黑斑蛙通过坡度为 70°、65°、60°、55°、50° 和 45° 的生物通道时第一跳高度平均值分别为 46.7 cm、32.5 cm、33.8 cm、37.3 cm、38.6 cm 和 38.0 cm,第二跳高度平均值分别为 23.3 cm、17.5 cm、21.3 cm、21.4 cm、24.8 cm 和 24.0 cm,第三跳高度平均值分别为 13.3 cm、16.3 cm、15.0 cm、17.3 cm、16.9 cm 和 16.3 cm,上跳次数平均值分别为 3.7 次、5.0 次、4.8 次、4.3 次、3.9 次和 4.0 次。

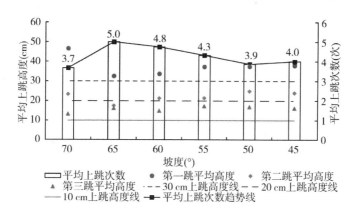

图 3.13　通过不同坡度的黑斑蛙的上跳次数和前三次上跳高度平均值

　　从图中可以看出,随着生物通道坡度的减小,黑斑蛙在逃脱过程中的逐次上跳高度并未呈现出明显的变化规律,但在不同坡度条件下,黑斑蛙逐次上跳高度的区间范围与图 3.10 中表现出的特征一致,即黑斑蛙前三次上跳的平均高度分别大于 30 cm、20 cm 和 10 cm。再从图中的平均上跳次数趋势线可以看出,黑斑蛙的平均上跳次数整体呈现随着生物通道坡度降低而减小的趋势,即生物通道的坡度大小可能会影响黑斑蛙在逃脱过程中的上跳次数。其中,黑斑蛙在坡度 70° 的生物通道上的平均上跳次数较少,低于其他坡度且不符合平均上跳次数随坡度变化的主趋势,究其原因可能是黑斑蛙样本中能够通过坡度 70°生物通道成功逃脱的数量较少且其体形较大、逃脱能力较强,仅需要较少的上跳次数即可从渠内逃脱,而通过其他 5 种坡度生物通道成功逃脱的黑斑蛙样本量较大且表现出一致的平均上跳次数变化趋势。下文通过方差分析来进一步探究黑斑蛙体形和生物通道坡度是否会对黑斑蛙爬坡逃脱的上跳高度和上跳次数造成影响。

（2）方差分析

由试验结果和相关研究成果可知,黑斑蛙的体重是影响其逃脱能力的最主要因素,故将 40 只黑斑蛙样本按照体重由大到小等量分为 4 组,代表 4 种体形。体形由大到小的 4 组黑斑蛙成功逃脱的合计次数分别为 46、45、20 和 7。黑斑蛙样本的 4 种体形及其 118 次成功逃脱的上跳运动数据的单因素方差分析(One-way ANOVA)结果表明,不同体形对黑斑蛙逃脱过程中的第一跳高度的影响存在显著差异($p=0.043 < 0.05$,$F=2.799$),对上跳次数不具有显著影响($p=0.118$,$F=2.000$)。生物通道的 6 种坡度和黑斑蛙样本 118 次成功逃脱的上跳运动数据的单因素方差分析结果表明,不同坡度对黑斑蛙逃脱过程中的上跳次数的影响存在显著差异($p=0.011 < 0.05$,$F=3.149$),对第一跳高度不具有显著影响($p=0.105$,$F=1.871$)。

上述结果表明,黑斑蛙体形和生物通道坡度分别对黑斑蛙逃脱过程中的第一跳高度和上跳次数具有显著影响。结合本试验的结果,87.5％的黑斑蛙的第一跳的平均高度为 30～50 cm,90％的黑斑蛙的第二跳的平均高度为 20～40 cm,97.5％的黑斑蛙的第三跳的平均高度为 10～30 cm,90％的黑斑蛙的上跳次数小于 5;通过 6 种坡度生物通道成功逃脱的黑斑蛙样本的第一跳平均高度为 32.5～46.7 cm,第二跳平均高度为 17.5～24.8 cm,第三跳平均高度为 13.3～17.3 cm,上跳次数平均值为 3.7～5.0。由此可知,黑斑蛙在利用生物通道逃脱的过程中,逐次上跳的高度会随着上跳次数的增加而减少,且大部分黑斑蛙通过少于 5 次的上跳即可成功逃脱。

3.3 黑斑蛙运动能力影响因素的灰色关联分析

在灌溉渠道生物通道的设计与试验研究中,需要充分了解保护对象的物种特征,本研究通过开展黑斑蛙形态特征和爬坡能力试验获得了黑斑蛙各项运动能力影响因素的基础数据,并进一步分析了黑斑蛙的物种特征。但由于样本量有限,而且试验中能够表现黑斑蛙攀爬能力的极限坡度是离散数据,本研究采用灰色关联分析方法对黑斑蛙形态特征和爬坡能力试验所得数据进行分析,进一步探究黑斑蛙运动能力影响因素离散数据间的内在规律和联系,得到能够反映黑斑蛙运动能力整体水平的样本数据,为蛙道设计参数的取值提供参考依据。

3.3.1　灰色关联分析方法

作为灰色系统与不确定性分析的主要研究内容,灰色关联分析是一种以数找数的多因素统计分析方法,能够克服样本量较小以及存在离散型变量的局限性。灰色关联分析方法被广泛应用于野生动物保护和生态工程建设等研究领域,以进一步了解保护对象的类型、特征及规律[164-166]。

3.3.1.1　灰色系统概述

由于受到内外部的干扰和认知能力的制约,人们在开展系统研究的过程中所获取的信息通常会带有某种程度上的不确定性。而人们对各类系统不确定性的了解和掌握也伴随着科学技术的进步和人类社会的发展而持续加深,不确定性系统研究也因此不断得到完善。灰色系统指的是既含有已知信息,又含有部分未知或非确定信息的系统。灰色系统理论由我国学者邓聚龙[167]率先提出,目前已在各学科领域,特别是在跨学科和学科交叉研究领域得到广泛的应用,取得了良好的社会效益和经济效益。

灰色系统通过对原始数据进行处理与分析来探究其规律性变化,这是一种以数据寻求数据规律的重要途径,此过程也被称为灰色序列生成。任一灰色序列都可以采取某种生成方式来弱化其随机性,进而显现出规律性。目前,灰色系统研究领域重点关注的是灰色关联分析、灰色预测、灰色决策等,并已发展出一套处理系统中信息不完备问题的解决方法,成为横断学科群中至关重要的方法论[168]。

3.3.1.2　灰色关联分析概述

灰色关联分析是灰色系统理论研究的重要构成内容,是一种对多因素进行分析的定量与定性相结合的研究方法,并通过对系统动态过程进行量化指标计算来判断不同因素之间的相关程度。从本质上看,灰色关联分析属于几何处理的范畴。它是通过对几种序列曲线之间所构成的几何形状进行比较来度量各因素之间发展态势的相似或相异程度[167,168]。用来衡量不同因素之间关联程度的关联度,就是通过比较关联曲线而获得的。对于信息部分已知、部分未知或不确定的灰色系统,可以采用灰色关联分析法进行求解,并用关联度来表征不同因素之间的关联顺序。

（1）灰色关联分析的基本特征

灰色关联分析方法作为灰色系统理论体系中一个重要的建模理论,也是一种就数找数的规律的方法,可以处理离散数据间的内在规律和联系,其基本特征可归纳为总体性、非唯一性、非对称性、动态性和有序性[168]。

(2) 灰色关联度模型

灰色关联度是用来表征系统中各种因素之间关系密切程度的量化指标,可以定量分析系统变化的态势。通常可以采用序列所表现出的变化态势来描述可量化系统的变化态势,由于各序列的变化态势总是按照一定的量级和趋势(即曲线形状)变化的,故系统序列间关系的密切程度表现为两者量级大小变化和发展趋势的相似性,即灰色关联中两种既存在差别又相互制约的表现形式[168]。因此,大部分灰色关联模型的建模思路即是利用位移差和斜率差来表示关联。

灰色关联度是灰色关联分析的基础理论工具,目前已有多种关联度模型被提出并应用,如邓氏关联度、广义绝对关联度、灰色斜率关联度、T 型关联度、B型关联度、改进关联度等。本研究根据相关研究中所采用的分析方法,选择邓氏关联度模型作为量化模型[165,166]。邓氏关联度是出现时间最早、应用范围最广的灰色关联度模型,它的计算特别考虑了点与点之间距离大小对关联度产生的影响。

设 $X_0 = \{x_0(k) | k=1,2,\cdots,n\}$ 为参考序列,$X_i = \{x_2(k) | k=1,2,\cdots,n\}$ 为比较序列,则 X_i 与 X_0 的关联度为

$$\gamma(X_0, X_i) = \frac{1}{n} \sum_{k=1}^{n} \gamma(x_0(k), x_i(k)) \tag{3.4}$$

$$\gamma(x_0(k), x_i(k)) = \frac{\min_i \min_k |x_0(k) - x_i(k)| + \rho \max_i \max_k |x_0(k) - x_i(k)|}{|x_0(k) - x_i(k)| + \rho \max_i \max_k |x_0(k) - x_i(k)|} \tag{3.5}$$

式中:$|x_0(k) - x_i(k)|$ 称为 k 时刻 X_i 与 X_0 的绝对差;$\min_i \min_k |x_0(k) - x_i(k)|$ 称为两级最小绝对差;$\max_i \max_k |x_0(k) - x_i(k)|$ 称为两级最大绝对差;ρ 为分辨系数,$\rho \in [0,1]$,取值越小,越能提高关联系数间的差异,通常取 0.5。

(3) 灰色关联分析应用

灰色关联分析法本质上是对关联系数进行分析:首先得出各种方案与由最佳指标组成的理想方案之间的关联系数,根据关联系数求出关联度,再按照关联度数值大小对各种方案进行分析和排序,并得出结论[168]。这种分析方法通过对目标与要求进行概念化、模型化处理,使所研究对象能够在结构、模型、关系上逐渐由黑转白,从而使不确定的因素趋于明确,而且在计算效果上优于经典的精确数学方法。

灰色关联分析法打破了精确性经典数学绝不允许模糊性存在的制约,具有

简单有效、快速准确、对数据分布类型及变量之间的相关类型无限制条件等优点,故具有良好的适用性和实践价值。随着计算机科学与技术的发展,灰色关联分析方法得到了更大的支撑,适用范围也逐渐扩大,目前已被广泛应用于农业、工业、社会经济、水利、能源、环境等领域[164,169]。

3.3.1.3　灰色关联分析的计算步骤

灰色关联分析主要是在数据序列的基础上,用数学方法对系统进行因素之间的关联性分析,具体的计算步骤为:确定参考序列和比较序列、计算灰色关联系数、计算灰色关联度、灰色关联度排序[168]。

(1) 确定参考序列和比较序列

根据分析目标确定分析指标体系,收集分析数据。设 m 个数据序列形成如下矩阵:

$$(X'_1, X'_2 \cdots, X'_m) = \begin{pmatrix} x'_1(1) & x'_2(1) & \cdots & x'_m(1) \\ x'_1(2) & x'_2(2) & \cdots & x'_m(2) \\ \vdots & \vdots & \vdots & \vdots \\ x'_1(n) & x'_2(n) & \cdots & x'_m(n) \end{pmatrix} \tag{3.6}$$

选择较为理想的参照值作为参考序列 X_0:

$$X_0(k) = (x_0(1), x_0(2), \cdots, x_0(n)), k = 1, 2, \cdots, n \tag{3.7}$$

比较序列为: $X_i(k) = (x_i(1), x_i(2), \cdots, x_i(n)), i = 1, 2, \cdots, m$ \qquad (3.8)

式中:n 为特征变量的个数;m 为比较序列的个数。

由于系统中各种因素的物理意义不同,数据的量纲也不尽相同,在这种情况下直接进行比较难以得到准确的结果。因此,在进行灰色关联度分析的过程中,若数据序列不具有可比性,则需要进行数据变换处理,即无量纲化处理;若数据序列具有可比性,则不进行数据变换处理,直接将数据代入模型计算即可。

(2) 计算灰色关联系数

已知参考序列 $X_0(k)$ 和 m 个比较序列 $X_i(k)$,参考序列和比较序列均有 n 个特征变量。根据邓氏关联度模型,X_i 与 X_0 在 k 时刻的关联系数为

$$\xi_{0i}(k) = \frac{\min\limits_i \min\limits_k |x_0(k) - x_i(k)| + \rho \max\limits_i \max\limits_k |x_0(k) - x_i(k)|}{|x_0(k) - x_i(k)| + \rho \max\limits_i \max\limits_k |x_0(k) - x_i(k)|} \tag{3.9}$$

式中:$\xi_{0i}(k)$ 表示第 i 个比较序列与参考序列 X_0 在 k 时刻的相对差,即不同比较序列与参考序列在同一时刻点的相近程度;分辨系数 ρ 取值为 0.5。

（3）计算灰色关联度

因为关联系数是曲线几何形状关联程度的一个度量，而在比较全过程中会有多个关联系数。因此采用关联系数的平均值作为比较全过程的关联程度的度量，即 X_i 与 X_0 的灰色关联度 r_{0i} 为：

$$r_{0i} = \frac{1}{n} \sum_{k=1}^{n} \zeta_{0i}(k) \tag{3.10}$$

r_{0i} 能够在整体上反映比较序列与参考序列的关联程度。

（4）灰色关联度排序

由于灰色关联度不是唯一的，为分析数据间的规律和联系，按照关联度的大小对各比较序列进行分析和排序，这比数据本身更重要。

3.3.2　运动能力影响因素灰色关联度计算

（1）灰色关联系数

根据黑斑蛙运动能力及其影响因素试验得到的基础数据，选择黑斑蛙的体重、体长等身体形态指标，跳高高度、跳远距离和混凝土坡面上的极限坡度等运动能力指标作为其逃脱能力的影响因素，对雄蛙和雌蛙样本的 5 项指标数据分别进行灰色关联分析。试验共获得黑斑蛙在 4 种不同坡面材质上的极限坡度，前文分析结果表明，在灌溉渠道工程建设中使用率最高的混凝土坡面的生境连通性较差，故从最大效用、最低阈值的角度出发，选择黑斑蛙在混凝土坡面上的极限坡度作为其攀爬能力的代表值，并进行运动能力影响因素的灰色关联分析。

由相关研究成果可知，上述 5 项指标的原始数据具有可比性，因此在灰色关联生成的过程中不需要进行无量纲化处理[165,166]。为了使分析所得的蛙道设计参数能够在最大程度上适用于不同身体形态和运动能力的黑斑蛙个体，本研究选取雄蛙和雌蛙样本各项指标的平均值作为参考序列。雄蛙运动能力影响因素灰色关联分析的原始数据如表 3.3 所示，参考序列 $X_0 = \{38.0, 68, 32.0, 56.3, 41.7\}$。

表 3.3　雄蛙身体形态和运动能力灰色关联分析的原始数据

序列号	$k=1$ 体重 （g）	$k=2$ 体长 （mm）	$k=3$ 跳高高度（cm）	$k=4$ 跳远距离（cm）	$k=5$ 混凝土坡面 极限坡度（°）
参考序列 X_0	38.0	68	32.0	56.3	41.7
比较序列 X_1	37.4	65	38.3	59.4	40

序列号	$k=1$ 体重（g）	$k=2$ 体长（mm）	$k=3$ 跳高高度（cm）	$k=4$ 跳远距离（cm）	$k=5$ 混凝土坡面极限坡度（°）
比较序列 X_2	35.7	66	27.4	68.0	50
比较序列 X_3	35.6	70	34.6	41.3	40
比较序列 X_4	39.1	69	27.9	75.2	40
比较序列 X_5	38.3	69	33.9	71.4	40
比较序列 X_6	35.4	68	45.00	58.00	40
比较序列 X_7	42.3	72	38.62	62.48	40
比较序列 X_8	32.6	67	30.70	33.37	45
比较序列 X_9	37.4	70	33.68	59.33	40
比较序列 X_{10}	34	70	30.76	60.80	45
比较序列 X_{11}	36.8	62	32.95	64.67	45
比较序列 X_{12}	39.5	66	21.75	59.80	40
比较序列 X_{13}	35.8	66	33.0	62.0	40
比较序列 X_{14}	37.5	69	29.28	55.37	40
比较序列 X_{15}	37.6	65	33.80	42.83	40
比较序列 X_{16}	38.4	67	27.95	55.10	40
比较序列 X_{17}	43.9	65	30.72	51.53	40
比较序列 X_{18}	36.3	70	25.13	46.37	35
比较序列 X_{19}	38	66	30.03	70.03	45
比较序列 X_{20}	37.2	69	26.75	51.68	40
比较序列 X_{21}	38.3	68	34.65	44.23	45
比较序列 X_{22}	35.6	61	31.64	56.68	45
比较序列 X_{23}	47.7	71	39.65	49.80	45
比较序列 X_{24}	40.8	69	36.03	51.80	45
比较序列 X_{25}	33.8	66	32.12	60.17	45
比较序列 X_{26}	41.1	70	36.4	50.7	40

序列号	$k=1$ 体重 （g）	$k=2$ 体长 （mm）	$k=3$ 跳高高度（cm）	$k=4$ 跳远距离（cm）	$k=5$ 混凝土坡面 极限坡度（°）
比较序列 X_{27}	44.1	65	36.5	62.3	40
比较序列 X_{28}	29.4	65	29.9	46.5	40
比较序列 X_{29}	32.7	64	31.1	54.8	40
比较序列 X_{30}	46.4	76	19.20	63.77	45

雌蛙运动能力影响因素灰色关联分析的原始数据如表 3.4 所示，参考序列 $X_0=\{42.6, 69, 32.9, 57.6, 42.8\}$。

表 3.4　雌蛙身体形态和运动能力灰色关联分析的原始数据

序列号	$k=1$ 体重 （g）	$k=2$ 体长 （mm）	$k=3$ 跳高高度（cm）	$k=4$ 跳远距离（cm）	$k=5$ 混凝土坡面 极限坡度（°）
参考序列 X_0	42.6	69	32.9	57.6	42.8
比较序列 X_1	42.3	70	31.8	62.9	45
比较序列 X_2	37.7	71	30.2	45.1	40
比较序列 X_3	38	69	32.4	58.3	40
比较序列 X_4	38.1	66	29.9	59.9	40
比较序列 X_5	41.3	73	30.5	64.4	40
比较序列 X_6	41.6	64	32.21	60.44	40
比较序列 X_7	34.9	65	29.64	55.62	40
比较序列 X_8	34.4	65	29.43	55.22	40
比较序列 X_9	34.2	65	29.35	55.07	40
比较序列 X_{10}	27.8	61	25.74	48.31	35
比较序列 X_{11}	45.8	71	34.56	62.49	45
比较序列 X_{12}	45.9	71	34.60	82.20	50
比较序列 X_{13}	40.3	65	31.01	79.53	50
比较序列 X_{14}	45.8	73	35.04	50.65	40
比较序列 X_{15}	36.1	65	29.38	41.20	40

序列号	$k=1$ 体重 （g）	$k=2$ 体长 （mm）	$k=3$ 跳高高度（cm）	$k=4$ 跳远距离（cm）	$k=5$ 混凝土坡面 极限坡度（°）
比较序列 X_{16}	40.5	68	31.80	53.03	40
比较序列 X_{17}	37.4	66	30.13	54.24	40
比较序列 X_{18}	42.1	70	32.89	59.55	40
比较序列 X_{19}	56.1	75	39.50	65.85	50
比较序列 X_{20}	30.8	64	27.09	40.23	40
比较序列 X_{21}	45.6	68	33.86	68.37	50
比较序列 X_{22}	39.6	75	33.39	54.00	40
比较序列 X_{23}	68	79	44.90	48.13	50
比较序列 X_{24}	59.1	75	40.61	77.20	55
比较序列 X_{25}	45.5	69	34.07	52.73	40
比较序列 X_{26}	43.4	74	34.5	71.2	50
比较序列 X_{27}	29.4	62	26.4	42.0	35
比较序列 X_{28}	53.7	70	37.4	50.2	40
比较序列 X_{29}	42.1	70	33.1	61.5	45
比较序列 X_{30}	58.9	78	41.3	48.6	45

为了提高因素关联系数之间的差异性，一般取分辨系数 ρ 为 0.5[165,166]。根据式（3.9）求解灰色关联系数，即比较数列与参考数列关于某一因素的关联程度值。雄蛙身体形态和运动能力的灰色关联系数如表 3.5 所示。

表 3.5　雄蛙身体形态和运动能力的灰色关联系数

序列号	$\xi(k=1)$ 体重 （g）	$\xi(k=2)$ 体长 （mm）	$\xi(k=3)$ 跳高高度（cm）	$\xi(k=4)$ 跳远距离（cm）	$\xi(k=5)$ 混凝土坡面 极限坡度（°）
比较序列 X_1	0.9568	0.8221	0.6470	0.7887	0.8760
比较序列 X_2	0.8383	0.8854	0.7171	0.4970	0.5813
比较序列 X_3	0.8322	0.8257	0.8150	0.4338	0.8760
比较序列 X_4	0.9128	0.8895	0.7402	0.3787	0.8760

序列号	$\xi(k=1)$ 体重 （g）	$\xi(k=2)$ 体长 （mm）	$\xi(k=3)$ 跳高高度（cm）	$\xi(k=4)$ 跳远距离（cm）	$\xi(k=5)$ 混凝土坡面 极限坡度（°）
比较序列 X_5	0.974 6	0.889 5	0.859 6	0.433 4	0.876 0
比较序列 X_6	0.820 4	0.964 0	0.470 0	0.874 6	0.876 0
比较序列 X_7	0.728 0	0.722 1	0.635 4	0.652 7	0.876 0
比较序列 X_8	0.683 9	0.959 2	0.902 7	0.334 5	0.777 7
比较序列 X_9	0.956 8	0.825 7	0.874 0	0.794 2	0.876 0
比较序列 X_{10}	0.745 9	0.825 7	0.906 8	0.721 2	0.777 7
比较序列 X_{11}	0.911 3	0.677 1	0.925 2	0.580 5	0.777 7
比较序列 X_{12}	0.884 7	0.885 4	0.530 4	0.769 4	0.876 0
比较序列 X_{13}	0.578 1	0.577 2	0.474 6	0.608 1	0.876 0
比较序列 X_{14}	0.964 8	0.889 5	0.812 0	0.927 2	0.876 0
比较序列 X_{15}	0.973 0	0.822 1	0.866 1	0.461 4	0.876 0
比较序列 X_{16}	0.966 4	0.959 2	0.742 6	0.907 9	0.876 0
比较序列 X_{17}	0.661 1	0.822 1	0.903 9	0.708 5	0.876 0
比较序列 X_{18}	0.876 6	0.825 7	0.628 1	0.537 5	0.634 5
比较序列 X_{19}	1.000 0	0.885 4	0.857 4	0.456 9	0.777 7
比较序列 X_{20}	0.941 1	0.889 5	0.689 2	0.714 7	0.876 0
比较序列 X_{21}	0.974 6	0.964 0	0.813 9	0.488 8	0.777 7
比较序列 X_{22}	0.832 2	0.639 4	0.974 8	0.972 5	0.777 7
比较序列 X_{23}	0.542 7	0.770 4	0.601 5	0.640 2	0.777 7
比较序列 X_{24}	0.804 3	0.889 5	0.741 5	0.720 3	0.777 7
比较序列 X_{25}	0.736 4	0.885 4	0.991 7	0.751 0	0.777 7
比较序列 X_{26}	0.787 8	0.825 7	0.723 3	0.675 2	0.876 0
比较序列 X_{27}	0.653 6	0.822 1	0.720 3	0.658 0	0.876 0
比较序列 X_{28}	0.574 6	0.822 1	0.848 3	0.540 0	0.876 0
比较序列 X_{29}	0.688 0	0.767 3	0.932 6	0.889 0	0.876 0
比较序列 X_{30}	0.844 5	0.885 4	0.920 4	0.672 7	0.876 0

由计算结果可知,雄蛙体重的平均值为 38.0 g,灰色关联系数最大值为 ♂19 的 1.000 0,最小值为♂23 的 0.542 7;体长的平均值为 68 mm,灰色关联系数最大值为♂6 和♂21 的 0.964 0,最小值为♂13 的 0.577 2;跳高高度的平均值为 32.0 cm,灰色关联系数最大值为♂25 的 0.991 7,最小值为♂6 的 0.470 0;跳远距离的平均值为 56.3 cm,灰色关联系数最大值为♂22 的 0.972 5,最小值为 ♂8 的 0.334 5;混凝土坡面极限坡度的平均值为 41.7°,灰色关联系数最大值为 0.876 0(对应混凝土坡面极限坡度 40°),最小值为♂2 的 0.581 3。以上 5 种影响因素中跳高高度、跳远距离的灰色关联系数下限较低($\xi<0.5$),这 2 项数据的离散程度较大。

雌蛙身体形态和运动能力的灰色关联系数如表 3.6 所示。

表 3.6　雌蛙身体形态和运动能力的灰色关联系数

序列号	$\xi(k=1)$ 体重 (g)	$\xi(k=2)$ 体长 (mm)	$\xi(k=3)$ 跳高高度(cm)	$\xi(k=4)$ 跳远距离(cm)	$\xi(k=5)$ 混凝土坡面 极限坡度(°)
比较序列 X_1	0.981 0	0.943 2	0.923 6	0.707 9	0.854 6
比较序列 X_2	0.724 3	0.878 2	0.823 1	0.504 5	0.818 4
比较序列 X_3	0.736 9	0.982 5	0.963 2	0.948 9	0.818 4
比较序列 X_4	0.741 2	0.797 8	0.811 7	0.849 7	0.818 4
比较序列 X_5	0.910 8	0.771 7	0.843 6	0.651 2	0.818 4
比较序列 X_6	0.930 8	0.709 0	0.949 4	0.818 4	0.818 4
比较序列 X_7	0.624 8	0.750 8	0.796 7	0.864 9	0.818 4
比较序列 X_8	0.609 8	0.750 8	0.786 5	0.842 4	0.818 4
比较序列 X_9	0.604 1	0.750 8	0.782 9	0.833 8	0.818 4
比较序列 X_{10}	0.463 4	0.607 5	0.640 6	0.578 0	0.619 3
比较序列 X_{11}	0.796 8	0.878 2	0.884 0	0.722 9	0.854 6
比较序列 X_{12}	0.791 9	0.878 2	0.881 7	0.341 2	0.639 9
比较序列 X_{13}	0.850 0	0.750 8	0.871 7	0.367 5	0.639 9
比较序列 X_{14}	0.796 8	0.771 7	0.855 9	0.646 7	0.818 4
比较序列 X_{15}	0.663 9	0.750 8	0.784 3	0.437 0	0.818 4
比较序列 X_{16}	0.861 5	0.912 1	0.921 4	0.735 8	0.818 4

序列号	$\xi(k=1)$ 体重 (g)	$\xi(k=2)$ 体长 (mm)	$\xi(k=3)$ 跳高高度(cm)	$\xi(k=4)$ 跳远距离(cm)	$\xi(k=5)$ 混凝土坡面 极限坡度(°)
比较序列 X_{17}	0.712 2	0.797 8	0.821 8	0.790 9	0.818 4
比较序列 X_{18}	0.966 1	0.943 2	1.000 0	0.868 2	0.818 4
比较序列 X_{19}	0.484 5	0.688 3	0.658 4	0.607 2	0.639 9
比较序列 X_{20}	0.520 2	0.709 0	0.687 4	0.422 9	0.818 4
比较序列 X_{21}	0.806 9	0.912 1	0.929 4	0.542 2	0.639 9
比较序列 X_{22}	0.812 1	0.688 3	0.962 7	0.779 3	0.818 4
比较序列 X_{23}	0.333 5	0.565 9	0.514 6	0.573 4	0.639 9
比较序列 X_{24}	0.434 9	0.688 3	0.622 7	0.394 0	0.511 4
比较序列 X_{25}	0.812 1	0.982 5	0.915 2	0.723 2	0.818 4
比较序列 X_{26}	0.937 7	0.727 6	0.885 2	0.483 2	0.639 9
比较序列 X_{27}	0.492 0	0.638 0	0.661 3	0.449 1	0.619 3
比较序列 X_{28}	0.533 2	0.943 2	0.740 3	0.630 7	0.818 4
比较序列 X_{29}	0.966 1	0.943 2	0.986 8	0.764 6	0.854 6
比较序列 X_{30}	0.437 9	0.592 3	0.602 8	0.586 3	0.854 6

由计算结果可知,雌蛙体重的平均值为 42.6 g,灰色关联系数最大值为♀1 的 0.981 0,最小值为♀23 的 0.333 5;体长的平均值为 69 mm,灰色关联系数最大值为♀25 的 0.982 5,最小值为♀23 的 0.565 9;跳高高度的平均值为 32.9 cm,灰色关联系数最大值为♀18 的 1.000 0,最小值为♀23 的 0.514 6;跳远距离的平均值为 57.6 cm,灰色关联系数最大值为♀3 的 0.948 9,最小值为♀12 的 0.341 2;混凝土坡面极限坡度的平均值为 42.8°,灰色关联系数最大值为♀30 的 0.854 6,最小值为♀24 的 0.511 4。以上 5 种影响因素中体重、跳远距离的灰色关联系数下限较低($\xi<0.5$),这 2 项数据的离散程度较大。其中,♀23 的体重、体长和跳高高度 3 项指标的灰色关联系数均为最小值,由此可知其与雌蛙样本均值之间的关联程度较小。

(2)灰色关联度

根据式(3.10)求解灰色关联度,即比较数列与参考数列之间各种因素灰色关联系数的平均值。雄蛙身体形态和运动能力的灰色关联度如图 3.14 所示,

30 只雄蛙与样本均值之间的灰色关联度均高于 0.6,93％的雄蛙样本的灰色关联度高于 0.7,40％的雄蛙样本的灰色关联度高于 0.8。

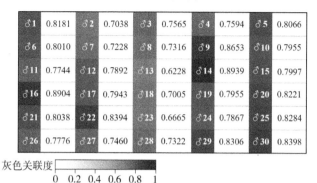

♂1	0.8181	♂2	0.7038	♂3	0.7565	♂4	0.7594	♂5	0.8066
♂6	0.8010	♂7	0.7228	♂8	0.7316	♂9	0.8653	♂10	0.7955
♂11	0.7744	♂12	0.7892	♂13	0.6228	♂14	0.8939	♂15	0.7997
♂16	0.8904	♂17	0.7943	♂18	0.7005	♂19	0.7955	♂20	0.8221
♂21	0.8038	♂22	0.8394	♂23	0.6665	♂24	0.7867	♂25	0.8284
♂26	0.7776	♂27	0.7460	♂28	0.7322	♂29	0.8306	♂30	0.8398

灰色关联度 ▭ 0 0.2 0.4 0.6 0.8 1

图 3.14 雄蛙身体形态和运动能力的灰色关联度

雌蛙身体形态和运动能力的灰色关联度如图 3.15 所示,30 只雌蛙与样本均值之间的灰色关联度均高于 0.5,70％的雌蛙样本的灰色关联度高于 0.7,33％的雌蛙样本的灰色关联度高于 0.8。

♀1	0.8821	♀2	0.7497	♀3	0.8900	♀4	0.8038	♀5	0.7991
♀6	0.8452	♀7	0.7711	♀8	0.7616	♀9	0.7579	♀10	0.5818
♀11	0.8273	♀12	0.7066	♀13	0.6960	♀14	0.7779	♀15	0.6909
♀16	0.8498	♀17	0.7882	♀18	0.9192	♀19	0.6157	♀20	0.6316
♀21	0.7661	♀22	0.8121	♀23	0.5255	♀24	0.5303	♀25	0.8503
♀26	0.7347	♀27	0.5720	♀28	0.7332	♀29	0.9031	♀30	0.6148

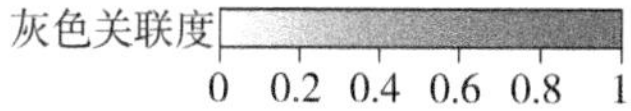

灰色关联度 ▭ 0 0.2 0.4 0.6 0.8 1

图 3.15 雌蛙身体形态和运动能力的灰色关联度

对比雄蛙和雌蛙运动能力影响因素的灰色关联度可知,总体而言,相比于雌蛙样本,雄蛙样本中个体的身体形态和运动能力数据与样本均值的关联程度更高,即样本数据的集中趋势更明显、样本均值更具代表性。

（3）灰色关联度排序

根据黑斑蛙个体与样本均值之间灰色关联度的计算结果,对灰色关联度进行排序。雄蛙身体形态和运动能力的灰色关联度排序如表 3.7 所示,排序第 1 位的为♂14 的 0.893 9,第 2 位的为♂16 的 0.890 4,第 30 位的为♂13 的 0.622 8。由试验结果可知,♂14 的身体形态和运动能力为体重 37.5 g、体长

6.9 cm、跳高高度 29.28 cm、跳远距离 55.37 cm、混凝土坡面极限坡度 40°，♂16 为体重 38.4 g、体长 6.7 cm、跳高高度 27.95 cm、跳远距离 55.10 cm、混凝土坡面极限坡度 40°，♂13 为体重 35.8 g、体长 6.6 cm、跳高高度 33.0 cm、跳远距离 62.0 cm、混凝土坡面极限坡度 40°。

表 3.7　雄蛙身体形态和运动能力的灰色关联度排序

灰色关联度排序	1	2	3	4	5	6	7	8	9	10
编号	♂14	♂16	♂9	♂30	♂22	♂29	♂25	♂20	♂1	♂5
灰色关联度排序	11	12	13	14	15	16	17	18	19	20
编号	♂21	♂6	♂15	♂10	♂19	♂17	♂12	♂24	♂26	♂11
灰色关联度排序	21	22	23	24	25	26	27	28	29	30
编号	♂4	♂3	♂27	♂28	♂8	♂7	♂2	♂18	♂23	♂13

雌蛙身体形态和运动能力的灰色关联度排序如表 3.8 所示，排序第 1 位的为♀18 的 0.919 2，第 2 位的为♀29 的 0.903 1，第 30 位的为♀23 的 0.525 5。由试验结果可知，♀18 的身体形态和运动能力为体重 42.1 g、体长 7.0 cm、跳高高度 32.89 cm、跳远距离 59.55 cm、混凝土坡面极限坡度 40°，♀29 为体重 42.1 g、体长 7.0 cm、跳高高度 33.1 cm、跳远距离 61.5 cm、混凝土坡面极限坡度 45°，♀23 为体重 68.0 g、体长 7.9 cm、跳高高度 44.9 cm、跳远距离 48.13 cm、混凝土坡面极限坡度 50°。

表 3.8　雌蛙身体形态和运动能力的灰色关联度排序

灰色关联度排序	1	2	3	4	5	6	7	8	9	10
编号	♀18	♀29	♀3	♀1	♀25	♀16	♀6	♀11	♀22	♀4
灰色关联度排序	11	12	13	14	15	16	17	18	19	20
编号	♀5	♀17	♀14	♀7	♀21	♀8	♀9	♀2	♀26	♀28
灰色关联度排序	21	22	23	24	25	26	27	28	29	30
编号	♀12	♀13	♀15	♀20	♀19	♀30	♀10	♀27	♀24	♀23

3.3.3　运动能力与渠道结构参数的对比

根据黑斑蛙运动能力影响因素的灰色关联度的排序结果可知，♂14(r = 0.893 9)和♀18(r = 0.919 2)最能够反映雄蛙和雌蛙样本的身体形态和运动能力的整体水平。将雄蛙♂14 的体重数据 w = 37.5 g 代入式(3.1)、式(3.2)和式

(3.3)中,得到 $l=6.7$ cm、$d=54.1$ cm、$h=30.9$ cm,计算结果与体长、跳远距离和跳高高度的实测数据($l=6.9$ cm,$d=55.37$ cm,$h=29.28$ cm)基本一致;将雌蛙♀18 的体重数据 $w=42.1$ g 代入线性回归方程中得到 $l=6.9$ cm、$d=58.9$ cm、$h=33.4$ cm,计算结果与体长、跳远距离和跳高高度的实测数据($l=7.0$ cm,$d=59.55$ cm,$h=32.89$ cm)基本一致。因此,灰色关联分析的结果进一步验证了黑斑蛙运动能力自身因素的线性回归方程的合理性。

除了形态特征和运动能力等自身因素,灌溉渠道边坡或生物通道的坡度这一外部因素对黑斑蛙的逃脱表现也具有显著的影响。灰色关联分析得出的最能够代表黑斑蛙运动能力整体水平的雄蛙♂14 和雌蛙♀18 的混凝土坡面极限坡度,即满足蛙类从灌溉渠道中逃脱的边坡或生物通道的坡度"生态阈值"均为40°。由此可知,对于灌溉渠道工程建设中使用率最高且生境连通性较差的混凝土防渗渠道或生物通道,其坡度建议小于 40°。

灰色关联分析的结果表明雄蛙♂14 和雌蛙♀18 是能够代表黑斑蛙运动能力的个体,将蛙类的跳跃和攀爬数据与涟东灌区中典型硬质化农渠的渠宽 80 cm、渠深 60 cm 等结构参数进行对比,如图 3.16 所示。由图可知,蛙类在田间迁移扩散的过程中由于跳远距离(55.37 cm 和 59.55 cm)普遍小于渠道的宽度且跳跃方向具有随机性而难以跨越渠道,易于落入渠内;硬质化建设造成末级灌溉渠道的生境适宜性低,在渠内水位较低时蛙类会尝试逃脱,但蛙类的跳高高度(29.28 cm 和 32.89 cm)和混凝土坡面极限坡度(40°)分别低于渠道的深度和坡度,难以通过跳跃和攀爬来完成逃脱。因此,需要在灌溉渠道中设置蛙道来帮助蛙类迁移到适宜的生境,并将蛙类形态特征和运动能力的基础数据应用到蛙道设计中。

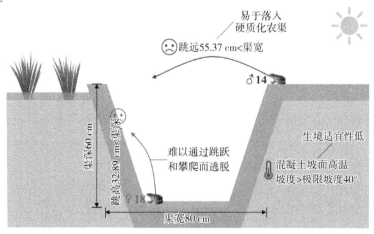

图 3.16　蛙类运动能力与硬质化农渠结构参数对比

3.4 黑斑蛙运动能力在蛙道构建中的应用

3.4.1 蛙道适宜坡度

根据两栖类野生动物通道以及生物廊道的相关研究成果,灌溉渠道生物通道的设计参数主要是坡度、坡面材质和宽度,而且坡度可能是影响生物通道使用效果的最主要因素[95-97]。其中,坡度的设计与坡面材质的选择有关。通常情况下,生物通道表面的粗糙度越大,生物可承受的坡度阈值也相应提高。灌溉渠道生物通道的坡度设计需要充分考虑保护对象黑斑蛙的跳跃和攀爬能力,而这又与黑斑蛙的形态特征密切相关。因此,坡度设计参数的确定需要参考黑斑蛙的运动能力和身体形态特征,如黑斑蛙样本在不同灌溉渠道坡面材质上的极限坡度及其体重、体长、跳高高度、跳远距离的平均值和代表值。考虑到灌溉渠道需要保证输配水效率和边坡稳定性,在生态化改造方法的选择上,无论是对渠道结构的局部改造还是整体改造,坡度的生态化设计都更具技术和经济可行性。蛙道坡度适宜的取值范围如表 3.9 所示。

表 3.9 蛙道坡度的适宜范围

类型		体重(g)	体长(cm)	跳高高度(cm)	跳远距离(cm)	坡面材质	适宜坡度范围(°)
雄蛙	平均值	38.0	6.8	32.0	56.3	混凝土	40～45
						反坡阶梯	45～55
	代表值	37.5	6.9	29.3	55.4	草皮	55～70
						碎石	60～70
雌蛙	平均值	42.6	6.9	32.9	57.6	混凝土	40～50
						反坡阶梯	45～55
	代表值	42.1	7.0	32.9	59.6	草皮	60～75
						碎石	60～75
总体	平均值	40.3	6.8	32.4	57.0	混凝土	40～45
						反坡阶梯	45～55
						草皮	55～70
						碎石	60～70

从表中可以看出,黑斑蛙样本总体上在 4 种灌溉渠道坡面材质上的适宜坡度范围分别为混凝土坡面 $40°\sim45°$、反坡阶梯坡面 $45°\sim55°$、草皮坡面 $55°\sim70°$和碎石坡面 $60°\sim70°$。由试验结果可知,灌溉渠道生物通道的坡度值处于以上区间范围时,绝大多数(80%以上)受困于渠内的黑斑蛙能够通过生物通道成功逃脱。由于雌蛙比雄蛙的身体形态更大、跳跃和攀爬能力更强,针对雌蛙设置的适宜坡度范围的取值较大,但从种群保育及生境恢复的整体角度出发,蛙类生物通道在设计参数的选择上需要重点考虑雄蛙的身体形态和运动能力。

灌溉渠道生物通道的宽度会在特定情况下影响受困生物的迁移效率,如当聚集于某一生物通道的个体数量较多时,生物通道宽度便可能成为生物逃脱过程中的胁迫因素,特别是对蛙类这种运动能力较弱且对环境依赖性强的两栖爬行动物[124,128]。由于本章中的黑斑蛙形态特征和爬坡能力试验以分析黑斑蛙身体形态和运动能力特征以及灌溉渠道对黑斑蛙迁移行为的影响机理为主要研究目标,试验中的黑斑蛙样本是逐个进行试验,并未将一定数量的样本个体同时进行爬坡逃脱试验,故本章的研究结果未能表现出宽度对生物通道使用效果的影响。因此,本章的蛙道设计参数重点探讨坡度和坡面材质的选择和调整,并不涉及通道宽度,在第四章的物理模型试验中会分析生物通道宽度设计对黑斑蛙逃脱效果的影响。

3.4.2 蛙道适宜坡面形式

试验结果表明,黑斑蛙在不同坡面材质上的极限坡度从大到小依次为:碎石>草皮>反坡阶梯>混凝土。在灌溉渠道工程建设中使用率最高的混凝土坡面的生境连通性较差,碎石、草皮和反坡阶梯这 3 种坡面材质均有利于渠内黑斑蛙进行爬坡逃脱,其中碎石和草皮坡面的生境连通效果更好。考虑到灌区中不同等级灌溉渠道的输水防渗要求存在差别,试验中以涟东灌区常见的渠道护坡草种狗牙根为材料的草皮坡面更适合灌区骨干渠道进行生态护坡建设,而以混凝土防渗材料为基础的碎石和反坡阶梯坡面更适合灌区末级渠道进行局部结构生态改造。由于本研究重点关注灌区末级防渗渠道对黑斑蛙生境破碎化及其迁移行为的影响,推荐的蛙道坡面材质为碎石和反坡阶梯坡面,这样能够在保证渠道输配水能力的情况下以较小的施工扰动强度(结构改造程度)提高黑斑蛙的生境连通性和逃脱成功率。基于此,第四章中适用于非灌水期的硬质化农渠蛙道设计方法所选用的 2 种坡面材质为碎石和反坡阶梯,结合蛙道坡度的适宜范围,物理模型试验所选择的 3 种坡度为 $50°$、$55°$和 $60°$。

黑斑蛙在运动能力试验中表现出的上跳运动特征可以用于灌区防渗渠道的

坡面材质生态改造(图3.17),上跳运动特征即黑斑蛙在利用生物通道逃脱的过程中,逐次上跳的高度会随着上跳次数的增加而减少,且大部分黑斑蛙通过少于5次的上跳即可成功逃脱。对于坡度在合理范围之内的防渗渠道,在混凝土坡面上以一定的间隔形式设置供黑斑蛙跳跃和停歇的支撑点,如反坡阶梯、碎石等坡面上的凸棱。这种坡面改造方法符合黑斑蛙在爬坡逃脱过程中前半程大幅度跳跃、后半程小幅度攀爬的特点,而且施工简便、不影响渠道防渗效果。对于渠深为90 cm的防渗渠道,可采用从下到上垂直高度分别为30 cm、20 cm、10 cm、10 cm、10 cm、10 cm的间隔形式,坡面上的凸棱设计以横截面为2 cm×2 cm的凸起横条(尺寸可满足黑斑蛙蹲立)为例;对于渠深为60 cm的防渗渠道,可采用从下到上垂直高度分别为30 cm、20 cm、10 cm的间隔形式。

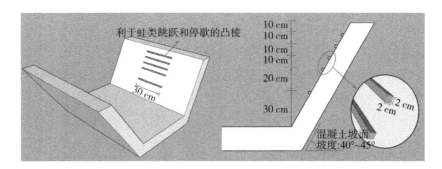

图3.17　渠道坡面材质生态改造示意图

3.5　本章小结

本章通过黑斑蛙运动能力及其影响因素试验,探究了灌区末级防渗渠道对黑斑蛙迁移行为的影响以及黑斑蛙对渠道硬质护坡的适应性,分析了黑斑蛙的形态特征和运动表现以及黑斑蛙运动能力自身因素之间的相关性和数量关系。通过对黑斑蛙运动能力影响因素数据进行灰色关联分析,进一步探究了黑斑蛙运动能力的整体水平,并提出了蛙道坡度和坡面材质等设计参数的适宜类型和取值范围。本章得出以下主要结论:

(1)黑斑蛙样本的体重、体长、跳高高度和跳远距离的平均值分别为40.3 ± 7.3 g、6.8 ± 0.4 cm、32.4 ± 4.8 cm和57.0 ± 10.0 cm。雌蛙比雄蛙的身体形态更大、运动能力更强,雄蛙的上述4项身体形态和运动能力指标的平均值分别仅为雌蛙的0.89、0.99、0.97和0.98,两者之间体重的差距最大、体长的差距最小。对比蛙类运动能力与典型硬质化农渠的渠宽

80 cm、渠深 60 cm 和坡度 72°等结构参数可知,蛙类在田间迁移扩散的过程中易于落入渠内且难以逃脱,而非灌水期渠内的生境适宜性低,因此在灌区末级渠系中设置蛙道十分必要。

（2）黑斑蛙的身体形态与运动能力之间存在显著的正相关性,体形越大则跳跃能力越强。体重与其他 3 个变量之间均存在高度相关($r \geqslant 0.7$),相关程度从高到低依次为:跳高高度＞跳远距离＞体长。以体重作为自变量建立的线性回归模型拟合效果较好($R^2 > 0.7$),能够准确反映黑斑蛙运动能力自身因素之间的数量关系。

（3）黑斑蛙在不同坡面材质上的极限坡度从大到小依次为:碎石＞草皮＞反坡阶梯＞混凝土。在碎石坡面上,超过 85.0％的黑斑蛙能够通过坡度大于 65°的斜坡,而在混凝土坡面上,超过 80.0％的黑斑蛙无法通过坡度大于 50°的斜坡。黑斑蛙在利用生物通道逃脱的过程中,体形和坡度分别对第一跳高度和上跳次数产生显著影响,而且表现出逐次上跳的高度会随着上跳次数的增加而减少、大部分黑斑蛙通过少于 5 次的上跳即可成功逃脱的上跳运动特征。

（4）黑斑蛙运动能力影响因素灰色关联分析的结果表明,体重 37.5 g、体长 6.9 cm 的雄蛙和体重 42.1 g、体长 7.0 cm 的雌蛙最能代表黑斑蛙运动能力的整体水平,两者的混凝土坡面极限坡度均为 40°,因此对于灌溉工程建设中使用率最高且生态性较差的混凝土防渗渠道边坡或生物通道的坡度建议小于 40°,反坡阶梯、草皮和碎石坡面的坡度"生态阈值"则分别为 50°、60°和 65°;其中,碎石和反坡阶梯坡面更适合对末级渠道进行局部结构生态改造,而草皮坡面更适合对骨干渠道进行生态护坡建设。

第四章
基于蛙类运动能力的蛙道构建与优化设计研究

　　基于黑斑蛙生态习性和运动能力的研究结果,本章开展灌区末级渠系蛙道设计、检验和优化等方面的研究,并选择能够适用于非灌水期渠道处于退水干枯状况的蛙道作为研究对象。重点关注这一阶段的蛙类逃生问题是因为渠内无水条件下是受困蛙类生存和迁移的困难时期,若不能从渠内逃脱,便可能会在短时间内因缺水和暴晒而死。本章针对灌区硬质化农渠提出对边坡结构进行局部改造的蛙道设计方法,开展物理模型试验来检验黑斑蛙利用不同类型蛙道的逃脱效果,分析坡度、坡面材质和宽度对蛙道使用效果的影响以及黑斑蛙逃脱效果的性别差异。综合考虑生物通道的使用效果和生态改造对输配水效率和耕地利用率的影响,对蛙道进行类型比选和结构优化,并提出在渠道底部配套设置生态池来为处于困境的水生和两栖动物提供更大的生存空间和更多的逃脱机会。

4.1　灌区末级渠系蛙道的构建方法

4.1.1　蛙道结构形式

　　随着灌区生态化建设的不断推进,灌区骨干河道被改造为兼具节水、生态和景观的生态渠道,但改造目标集中于干渠和支渠,鲜有针对斗渠及以下渠系的生态化建设。农渠作为末级渠道,需要重点考虑输水效率,不适合采取植被护坡、生态衬砌等方式;农渠作为农田边界,又是田间动物,特别是农田蛙类的主要栖息场所。硬质化农渠的结构尺寸较小且防渗材料的表面温度高、水分蒸发快,渠道在非灌水期会处于无水、高温状况,对受困蛙类的生存和迁移造成极大的负面影响。因此,本研究选择对灌区硬质化农渠开展适用于非灌水期的生物通道设计和试验研究。实际调研得知,涟东灌区末级灌溉渠道的典型断面为坡度72°、渠深60 cm 的倒梯形断面(图 4.1)[148]。

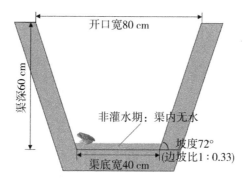

图 4.1　涟东灌区末级灌溉渠道的典型断面

　　根据第三章中黑斑蛙形态特征和爬坡能力的试验结果和灌溉渠道生物通道设计参数的分析结果,本章针对非灌水期灌区硬质化农渠提出对边坡结构进行局部改造的生物通道设计方法,硬质化农渠生物通道的结构形式如图 4.2 所示。通过对灌溉渠道沿纵向(平行于水流方向)或横向(垂直于水流方向)做局部改造,可形成适合渠底蛙类逃脱的生物通道,图 4.2 中 N1～N6 为纵向生物通道,N7～N12 为横向生物通道。

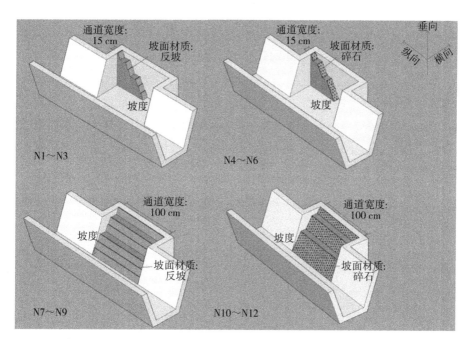

图 4.2　蛙道设计示意图

根据灌溉渠道生物通道设计参数的研究结果,生物通道主要的设计参数是坡度、坡面材质和宽度,其中推荐应用于灌区末级防渗渠道生物通道建设的是碎石和反坡阶梯坡面,这两种坡面形式能够在保证渠道输配水能力的情况下以较小的结构改造程度提高黑斑蛙的生境连通性和逃脱成功率,故本研究选择的2种生物通道坡面材质为碎石和反坡。结合黑斑蛙爬坡能力试验得到的不同灌溉渠道坡面材质的适宜坡度范围,本研究选择的3种生物通道坡度为50°、55°和60°。根据黑斑蛙的身体形态和运动能力特征,本研究选择的2种生物通道宽度为15 cm和100 cm,在物理模型的建造中纵向设计的生物通道宽度采用15 cm,横向设计的生物通道宽度采用100 cm。本章通过开展物理模型试验来进一步分析坡度、坡面材质和宽度对生物通道使用效果的影响。

4.1.2 蛙道设计类型

本研究共设计出12种适用于非灌水期的硬质化农渠生物通道,具体的设计参数如表4.1所示。由相关研究成果可知,河道边坡的坡度是影响蛙类逃脱的重要因素[95-97]。从理论上讲,生物通道的坡度越低,蛙类成功逃脱的概率越高。本研究采取在混凝土坡面上增设反坡或嵌入碎石的方式增加生物通道的表面粗糙度。在一定空间范围内同种生物个体数量较多时,动物逃生通道的宽度很可能会成为限制因素[124,128]。因此,在灌溉渠道生态建设实践中应当按照一定的间隔距离沿渠道设置多处两栖类动物通道。可以预计到,本研究中横向设计的生物通道大概率会比纵向设计的生物通道更有利于黑斑蛙从退水干枯后的灌溉渠道中逃脱。然而,作为重要的农田水利设施,灌区末级渠道建设还需要考虑输水效率、占地面积等因素。与横向设计相比,纵向设计的生物通道可以在降低坡度的同时尽量少占用耕地。

表 4.1　不同类型蛙道的设计参数

类型编号	坡度(°)	坡面材质	通道宽度(cm)
N1	60	反坡	15
N2	55	反坡	15
N3	50	反坡	15
N4	60	碎石	15
N5	55	碎石	15
N6	50	碎石	15

类型编号	坡度(°)	坡面材质	通道宽度(cm)
N7	60	反坡	100
N8	55	反坡	100
N9	50	反坡	100
N10	60	碎石	100
N11	55	碎石	100
N12	50	碎石	100

以上12种类型的硬质化农渠生物通道的物理模型如图4.3所示,物理模型按照1∶1的比例建造于涟水县水利科学研究站的试验田北侧,建成时间为2019年6月。本研究通过进一步开展物理模型试验来测试不同类型生物通道对于帮助黑斑蛙从灌区末级防渗渠道中逃脱的使用效果。

图4.3 蛙道物理模型

4.2 蛙道使用效果的试验研究

4.2.1 试验方法

本研究采取样线法在涟东灌区的田间采集黑斑蛙,具体方法与第三章相同[163]。本试验共采集120只样本用于灌溉渠道生物通道的使用效果试验,包括60只雄蛙和60只雌蛙。由于第三章中的黑斑蛙形态特征和爬坡能力试验主要是为了分析黑斑蛙的生态习性和运动能力,试验中的黑斑蛙样本是逐个进行试验;而本章中的黑斑蛙逃脱试验是以检验硬质化农渠生物通道的使用效果为研究目标,黑斑蛙样本以一定数量为一组同时进行试验,而且为避免在试验过程中黑斑蛙样本的运动能力持续下降,每一组黑斑蛙样本仅用于某一种类型生物通道的使用效果试验,因此本试验的样本量较大。硬质化农渠生物通道的使用效果试验于 2019 年 8 月进行,同样是选择 7 月底的黑斑蛙作为试验样本。考虑到黑斑蛙的体形特征和运动能力存在明显的性别差异,将黑斑蛙样本按性别区分[13,14]。120 只黑斑蛙被分为 12 组,每组包括 5 只雄蛙和 5 只雌蛙,编号为♂1~♂12 和♀1~♀12,并被放在模拟自然生境的水族箱中。为了避免对黑斑蛙的生理机能造成影响,试验分批次进行,每次试验会在 7 天内完成并在试验结束后将黑斑蛙送回初始栖息地。

由于 12 组黑斑蛙样本与 12 种类型生物通道一一对应,黑斑蛙样本不同分组之间的运动能力差异可能会影响生物通道使用效果试验的准确性,因此需要在进行黑斑蛙逃脱试验之前测量黑斑蛙样本的身体形态指标。若各组黑斑蛙样本的身体形态特征相似,则不同分组之间不存在运动能力差异,各种类型生物通道使用效果的试验结果具有可比性。黑斑蛙身体形态指标的测量方法与第三章相同,具体的形态指标包括体重、体长、前肢长度、后肢长度和前掌长度[14,95,96]。每组黑斑蛙样本包括 5 只雄蛙和 5 只雌蛙,分别将 5 只同性别黑斑蛙置于指定类型生物通道的底部进行逃脱试验,试验场景如图 4.4 所示。

图 4.4　蛙道的使用效果试验

每一组试验重复 3 次,每次试验间隔 1 min。因此,对于每种类型的生物通道会进行 6 次黑斑蛙逃脱试验。在试验过程中,用研究区田间常见的禾本科植物狗尾草刺激黑斑蛙跳跃,物理刺激的持续时间为 10 min。因此,本研究中的逃脱率(Escape Rate)是指受困黑斑蛙在限定时间(10 min)内成功逃脱的概率。如果某一组黑斑蛙未能在限定时间内全部成功逃脱则无需记录逃脱时间(Escape Time)。试验期间,利用小型喷雾器使黑斑蛙的皮肤保持湿润,以保证其生理机能和运动能力不受环境变化的干扰[93]。每一组试验需要记录黑斑蛙从硬质化农渠中成功逃脱的数量以及全部个体成功逃脱的用时,并计算各组雄蛙和雌蛙的逃脱率和逃脱时间的平均值和标准差。其中,某一种类型生物通道的逃脱率和逃脱时间为组内 5 只雄蛙和 5 只雌蛙的平均值。为模拟渠内无水、高温的现实情况,试验在 14:00 至 16:00 进行,且避免阴雨天,并保证气温处于30℃以上。

4.2.2 试验结果

(1)黑斑蛙形态特征分析

12 组黑斑蛙样本的体重、体长、前肢长度、后肢长度和前掌长度的测量数据如表 4.2 和图 4.5 所示,12 组黑斑蛙样本的 5 项身体形态指标平均值分别为19.7±0.4 g、5.7±0.0 cm、8.6±0.0 cm、3.3±0.0 cm、1.5±0.0 cm。根据黑斑蛙身体形态指标的测量结果,可认为 12 组黑斑蛙样本的体形特征相似。由相关研究成果可知,体形特征相似的同种蛙类具备相似的运动能力[13,14,165]。由此推论,本研究中的 12 组黑斑蛙样本的运动能力相近,不同分组之间不存在运动能力差异,每组黑斑蛙逃脱试验的结果可用于对比分析不同类型生物通道的使用效果。

表 4.2 12 组黑斑蛙样本的形态特征测量数据

分组编号	体重(g)	体长(cm)	前肢长度(cm)	后肢长度(cm)	前掌长度(cm)
1	20.7±2.6	5.8±0.3	8.6±0.6	3.3±0.1	1.5±0.1
2	19.2±1.9	5.5±0.3	8.7±0.4	3.4±0.3	1.5±0.1
3	19.5±1.8	5.7±0.2	8.7±0.6	3.3±0.2	1.5±0.1
4	19.1±1.7	5.8±0.2	8.6±0.2	3.3±0.2	1.5±0.1
5	19.6±1.3	5.6±0.1	8.6±0.6	3.3±0.2	1.5±0.1
6	19.3±2.5	5.6±0.3	8.6±0.8	3.3±0.3	1.5±0.1

分组编号	体重 (g)	体长 (cm)	前肢长度 (cm)	后肢长度 (cm)	前掌长度 (cm)
7	20.2±0.8	5.7±0.1	8.6±0.2	3.4±0.2	1.5±0.1
8	18.9±0.9	5.6±0.1	8.5±0.2	3.3±0.1	1.5±0.1
9	20.9±0.9	5.6±0.3	8.8±0.6	3.4±0.3	1.5±0.1
10	20.1±2.1	5.6±0.2	8.7±0.3	3.4±0.1	1.5±0.1
11	19.9±1.9	5.8±0.2	8.6±0.2	3.3±0.1	1.5±0.1
12	18.9±1.4	5.6±0.5	8.5±0.7	3.3±0.2	1.5±0.1

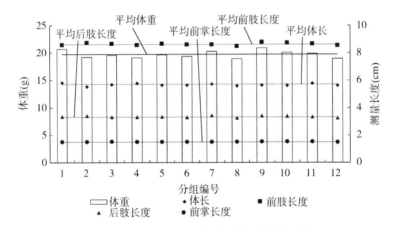

图 4.5　12 组黑斑蛙样本的身体形态指标数据

12 组黑斑蛙雄蛙和雌蛙样本的 5 项身体形态指标数据如图 4.6 所示,对比分析雄蛙和雌蛙样本的身体形态指标的测量结果可知:雄蛙样本的平均体形小于全部黑斑蛙样本的平均体形,其中体重的差距最大,相差 1.3 g,雄蛙比全部样本轻 6.6%;前掌长度与全部样本的平均值相同;体长、前肢长度和后肢长度均比全部样本的平均值小 0.1 cm。雌蛙样本的平均体形略大于全部黑斑蛙样本的平均体形,其中体重的差距最大,相差 1.2 g,雌蛙比全部样本重 6.3%;体长和前掌长度与全部样本的平均值相同;前肢长度和后肢长度均比全部样本的平均值大 0.1 cm[①]。

试验结果表明,黑斑蛙雌蛙的平均体形略大于雄蛙,除前掌长度外的 4 项身体形态指标的差距由大到小依次为:体重>前肢长度>后肢长度>体长。其中,

---

① 此处数据四舍五入,保留小数点后一位,由此造成了部分数据前后不一致的现象。

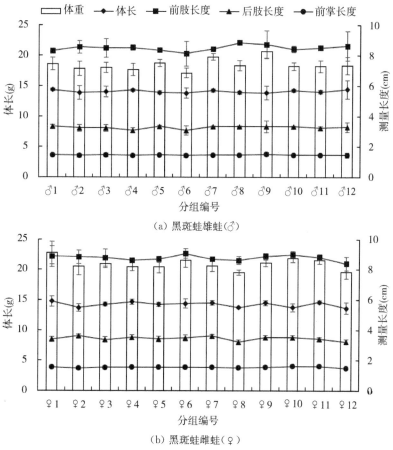

图 4.6　雄蛙和雌蛙的身体形态指标数据

最大差距为体重的 2.5 g,最小差距为体长的 0.1 cm,雌蛙的体重和体长平均值分别是雄蛙的 1.14 和 1.02 倍。

(2)黑斑蛙逃脱率和逃脱时间

由黑斑蛙逃脱试验结果可知,本研究中设计的 12 种蛙道均能够起到帮助黑斑蛙从灌区防渗渠道中逃脱的作用,但不同类型生物通道的使用效果存在差别,具体表现在逃脱率和逃脱时间两个方面,12 种类型硬质化农渠生物通道的黑斑蛙逃脱率和逃脱时间如表 4.3 所示。

表 4.3　不同类型蛙道的黑斑蛙逃脱率和逃脱时间

类型编号	逃脱率(%)			逃脱时间(min)		
	平均值	雄蛙	雌蛙	平均值	雄蛙	雌蛙
N1	57	33	80			

续表

类型编号	逃脱率(%)			逃脱时间(min)		
	平均值	雄蛙	雌蛙	平均值	雄蛙	雌蛙
N2	93	93	93			
N3	97	93	100			6.67
N4	100	100	100	7.55	8.43	6.67
N5	100	100	100	3.32	3.95	2.68
N6	100	100	100	1.98	2.70	1.27
N7	100	100	100	2.08	2.67	1.97
N8	100	100	100	1.75	2.20	1.30
N9	100	100	100	1.27	1.57	0.97
N10	100	100	100	1.08	1.13	1.03
N11	100	100	100	0.72	1.08	0.35
N12	100	100	100	0.82	1.12	0.53

N1~N12 的黑斑蛙平均逃脱率为 95%、平均逃脱时间为 2.29 min。不同类型生物通道的使用效果在很大程度上取决于坡面材质和通道宽度,在生物通道的坡面材料为碎石且通道宽度为 100 cm 的条件下,黑斑蛙能够在短时间内成功逃脱。此外,雄蛙和雌蛙之间也存在差别,雄蛙的平均逃脱率为 94%、平均逃脱时间为 2.76 min,雌蛙的平均逃脱率为 98%、平均逃脱时间为 1.86 min。

4.2.3 蛙道的使用效果分析

(1) 蛙道坡度对黑斑蛙逃脱效果的影响

灌溉渠道生物通道的使用效果主要体现在黑斑蛙利用生物通道的逃脱能力。硬质化农渠生物通道的使用效果试验的第一部分是分析坡度对黑斑蛙逃脱效果的影响。通道宽度为 100 cm 或坡面材料为碎石的生物通道(N4~N12)能够使黑斑蛙全部成功逃脱,在生物通道的宽度为 15 cm 且坡面材料为反坡的条件下(N1~N3),生物通道坡度对黑斑蛙逃脱效果的影响显著,N1~N3 的黑斑蛙逃脱率如图 4.7 所示。几乎全部黑斑蛙样本都能够利用坡度小于 55°的生物通道从渠底逃脱,但当坡度达到 60°时,黑斑蛙逃脱率便下降至 57%。

N4~N12 的使用效果试验结果表明,全部黑斑蛙样本都能够利用这 9 种生物通道成功逃脱。因此,本研究进一步分析灌溉渠道生物通道坡度对黑斑蛙逃脱时间的影响,N4~N12 的黑斑蛙逃脱时间如图 4.8 所示。在生物通道的宽度为 100 cm 的条件下(N7~N12),坡度对黑斑蛙逃脱时间的影响不大。若生物通

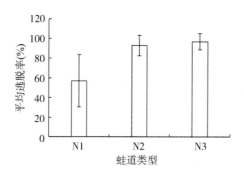

图 4.7 蛙道坡度对黑斑蛙逃脱率的影响

道的坡面材料为碎石（N10～N12），则黑斑蛙逃脱时间约为 1 min；若生物通道
的坡面材料为反坡（N7～N9），则黑斑蛙逃脱时间约为 2 min。在生物通道的宽
度为 15 cm 的条件下（N4～N6），几乎全部黑斑蛙样本都能够在 4 min 以内利用
坡度小于 55°的生物通道从渠底逃脱，但当坡度达到 60°时，黑斑蛙逃脱时间便增
加至约 8 min。

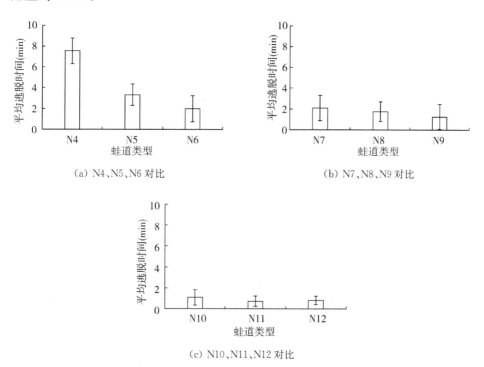

(a) N4、N5、N6 对比

(b) N7、N8、N9 对比

（c）N10、N11、N12 对比

图 4.8 蛙道坡度对黑斑蛙逃脱时间的影响

（2）蛙道坡面材质对黑斑蛙逃脱效果的影响

硬质化农渠生物通道的使用效果试验的第二部分是分析坡面材质对黑斑蛙逃脱效果的影响。对比分析 N1、N2、N3 和 N4、N5、N6 的黑斑蛙逃脱率可知，在坡度小于 55°的条件下，生物通道坡面材质对黑斑蛙能否成功逃脱的影响不大，N1～N6 的黑斑蛙逃脱率如图 4.9 所示。在不同坡度条件下，几乎全部黑斑蛙样本都能够利用碎石坡面生物通道从渠底逃脱；当坡度小于 55°时，反坡坡面生物通道的黑斑蛙逃脱均大于 90%［图 4.9（b）和图 4.9（c）］；但当坡度达到 60°时，反坡坡面生物通道的黑斑蛙逃脱率便下降至 57%［图 4.9（a）］。

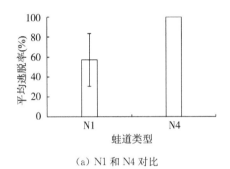

（a）N1 和 N4 对比

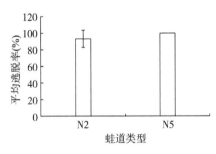

（b）N2 和 N5 对比

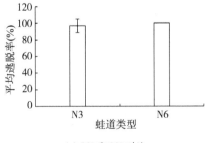

（c）N3 和 N6 对比

图 4.9　蛙道坡面材质对黑斑蛙逃脱率的影响

对比分析 N7、N8、N9 和 N10、N11、N12 的黑斑蛙逃脱时间可知,在生物通道的宽度为 100 cm 的条件下,坡面材质对黑斑蛙逃脱时间的影响不大,黑斑蛙样本可以利用不同类型的生物通道在 2 min 以内成功逃脱,N7~N12 的黑斑蛙逃脱时间如图 4.10 所示。在不同坡度条件下,反坡坡面生物通道的黑斑蛙逃脱时间均约为 2 min,碎石坡面生物通道的黑斑蛙逃脱时间均约为 1 min。

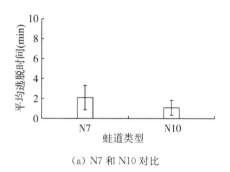

(a) N7 和 N10 对比

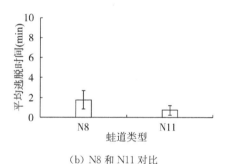

(b) N8 和 N11 对比

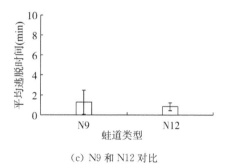

(c) N9 和 N12 对比

图 4.10　蛙道坡面材质对黑斑蛙逃脱时间的影响

(3) 蛙道宽度对黑斑蛙逃脱效果的影响

硬质化农渠生物通道的使用效果试验的第三部分是分析通道宽度对黑斑蛙逃脱效果的影响。试验结果表明,在坡面材料为碎石的条件下,全部黑斑蛙样本都能够利用不同宽度的生物通道成功逃脱。对比分析 N1、N2、N3 和 N7、N8、N9 的黑斑蛙逃脱率可知,在坡面材料为反坡的条件下,通道宽度对黑斑蛙逃脱效果的影响显著,N1～N3 和 N7～N9 的黑斑蛙逃脱率如图 4.11 所示。当通道宽度为 15 cm 时,坡度为 60°、55° 和 50° 的生物通道的黑斑蛙逃脱率分别为 57%±0.27%、93%±0.1% 和 97%±0.08%;但当通道宽度为 100 cm 时,不同坡度生物通道的黑斑蛙逃脱率均为 100%。

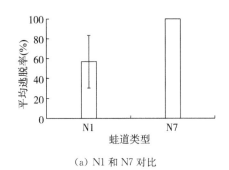

(a) N1 和 N7 对比

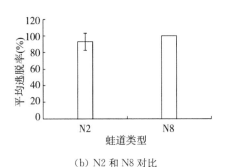

(b) N2 和 N8 对比

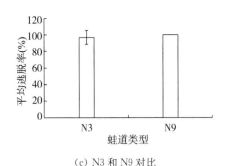

(c) N3 和 N9 对比

图 4.11　蛙道宽度对黑斑蛙逃脱率的影响

对比分析 N4、N5、N6 和 N10、N11、N12 的黑斑蛙逃脱时间可知,在坡面材料为碎石的条件下,通道宽度对黑斑蛙逃脱时间的影响显著,N4～N5 和 N10～

N12 的黑斑蛙逃脱时间如图 4.12 所示。

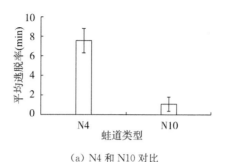

（a）N4 和 N10 对比

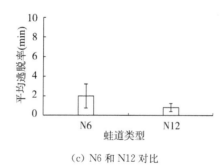

（b）N5 和 N11 对比

（c）N6 和 N12 对比

图 4.12　蛙道宽度对黑斑蛙逃脱时间的影响

当通道宽度为 15 cm 时，坡度为 60°、55°和 50°的生物通道的黑斑蛙逃脱时间分别为 7.55±1.25 min、3.32±1.04 min 和 1.98±1.25 min；但当通道宽度为 100 cm 时，不同坡度生物通道的黑斑蛙逃脱率均约为 1 min。试验结果表明，更缓的坡度、更粗糙的坡面材质、更大的宽度，更利于黑斑蛙从混凝土防渗渠道中逃脱，这与相关研究结果一致，也验证了灌溉渠道生物通道建设的工程实践经验[13,16,92,97]。

4.2.4 逃脱效果的性别差异

不同类型生物通道的黑斑蛙雄蛙和雌蛙的逃脱率如图4.13所示,通道宽度为100 cm或坡面材料为碎石的生物通道(N4~N12)能够使雄蛙和雌蛙全部成功逃脱,在生物通道的宽度为15 cm且坡面材料为反坡的条件下(N1~N3),性别因素对黑斑蛙逃脱效果具有一定影响。坡度为60°、55°和50°的生物通道的雄蛙逃脱率分别为33%±0.12%、93%±0.12%和93%±0.12%,而雌蛙逃脱率为80%、93%±0.12%和100%。

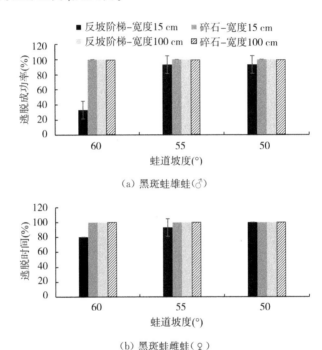

(a) 黑斑蛙雄蛙(♂)

(b) 黑斑蛙雌蛙(♀)

图 4.13 不同类型蛙道的雄蛙和雌蛙逃脱率

N4~N12的黑斑蛙逃脱试验结果表明,无论是雄蛙还是雌蛙都能够利用这9种生物通道成功逃脱。因此,有必要进一步分析性别因素对黑斑蛙逃脱时间的影响。不同类型生物通道的黑斑蛙雄蛙和雌蛙的逃脱时间如图4.14所示。

在生物通道的宽度为100 cm的条件下,几乎全部黑斑蛙样本都能够在2 min以内成功逃脱,雌蛙成功逃脱的用时小于雄蛙,平均逃脱时间仅为雄蛙的40%~80%。在生物通道的宽度为15 cm且坡面材质为碎石的条件下,N4、N5和N6的雌蛙逃脱时间分别为6.67±1.20 min、2.68±0.33 min和1.27±0.65 min,而雌蛙逃脱时间分别为8.43±0.38 min、3.95±1.15 min和2.70±1.40 min。

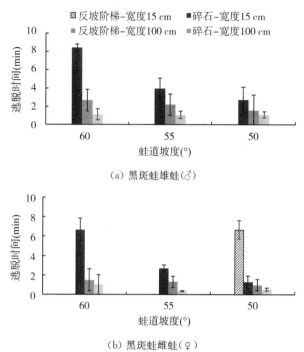

（a）黑斑蛙雄蛙（♂）

（b）黑斑蛙雌蛙（♀）

图 4.14　不同类型蛙道的雄蛙和雌蛙逃脱时间

相比于雌蛙,雄蛙的逃脱率更低且需要更长的逃脱时间,这可能是因为雌蛙的身体形态更大,跳跃和攀爬能力更强。雌蛙的逃脱能力优于雄蛙,这与第三章中爬坡能力试验的结果相符。因此,在灌溉渠道生物通道设计中需要重点考虑雄蛙的运动能力,使生物通道的适用性更强。

4.3　蛙道的优化设计

4.3.1　蛙道类型比选

在灌溉渠道生物通道的使用效果试验中,占类型总数 3/4 的生物通道能够帮助黑斑蛙在限定时间（10 min）内全部成功逃脱（即逃脱率为 100%）,因此进一步对比逃脱时间以分析不同类型灌溉渠道生物通道的使用效果。生物通道的黑斑蛙逃脱率越高、逃脱时间越短,则其使用效果越好。每一种生物通道的黑斑蛙逃脱率和逃脱时间为组内 5 只雄蛙和 5 只雌蛙的平均值,由于黑斑蛙运动能力存在性别差异,所以 N1 的黑斑蛙逃脱率和 N4、N6、N7 的黑斑蛙逃脱时间的标准差较大。

研究结果表明,12 种蛙道中,N11 帮助渠内黑斑蛙逃脱的效果最好。生物通道 N11 的坡度为 55°,坡面材料为碎石,通道宽度为 100 cm,该类型的生物通道能够帮助黑斑蛙样本在 1 min 以内全部成功逃脱。然而,灌区末级渠系的生态改造需要考虑输水效率,因为输配水是灌溉渠道的基础功能。在生境连通性方面,灌溉渠道生物通道具有更大的宽度、更缓的坡度则效果更好,但垂直于水流方向的横向设计会占用更多的耕地面积、花费更高的建设成本,而且会在更大程度上改变渠道的断面形态特征,进而影响灌溉效率。因此,本研究建议在灌溉渠道生物通道的工程实践中更多地采用编号为 N5 的生物通道类型,生物通道 N5 的坡度为 55°,坡面材料为碎石,通道宽度为 15 cm,该类型的生物通道能够帮助黑斑蛙样本在 4 min 以内全部成功逃脱,而且占地面积仅为 N11 的 36%。

4.3.2 蛙道结构优化

（1）蛙道坡面和宽度的优化设计

现有的研究结果普遍认为,蛙类在卵石坡面上的攀爬能力明显强于在其他的坡面材质上,本研究中的碎石坡面与卵石坡面在结构和功能上相似,而且在灌区中便于就地取材[13,14,16]。根据黑斑蛙的身体形态测量和逃脱试验结果,对蛙道坡面上碎石的直径和布置进行优化设计,使坡面材质更易于蛙类抓握,提高受困蛙类的迁移效率。参考黑斑蛙样本的前掌长度、前肢长度和体长的数据平均值,灌溉渠道生物通道坡面的优化设计为:碎石的直径为 1.5 cm,碎石布置的水平距离为 3 cm、竖直距离为 5 cm。

试验结果表明,更大的生物通道宽度更利于黑斑蛙从渠内逃脱,但通道宽度的设置会影响到占用的耕地面积,以及引起渠道断面水力要素的改变。相关研究已经分析了生物通道的坡度和坡面材质对蛙类逃脱能力的影响,但蛙类的逃脱试验是在表面尺寸为 21.5 cm×15 cm 或 40 cm×30 cm 的斜坡上进行的,即通道宽度为固定值[16,95,96]。本研究选择 2 种通道宽度,通过对比分析黑斑蛙利用不同宽度蛙道的逃脱效果,可以发现黑斑蛙在宽度为 15 cm 的生物通道上逃脱的过程中确实存在拥挤、相撞等生物间的胁迫作用。因此,本研究建议在灌溉渠道生物通道的工程实践中可以根据农田水利工程的实际情况适当增加宽度,并按照一定的间隔距离沿渠道设置多处生物通道。

（2）渠道底部结构的优化设计

由调查和研究结果可知,非灌水期退水干枯后是灌区末级渠道内生物生存和逃脱的困难时期。灌溉渠道生物通道的结构优化除了对坡面和宽度进行调整外,还可以通过在生物通道底部设置生态池来为黑斑蛙等田间动物提供适宜的生境[63]。灌溉渠道底部生态池设计如图 4.15 所示,在硬质化农渠底部开挖可储水的生态保育池,既能够在无水、高温的渠道中为两栖和水生动物提供生长、产卵和避难的场所,还可以利用其蓄水条件作为生物通道的引导设施,吸引受困蛙类在渠内生态池附近活动,进而提高生物通道的使用效率。

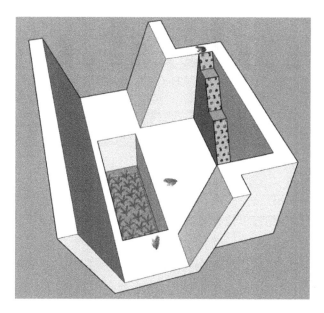

图 4.15　渠道底部生态池设计示意图

在灌溉渠道底部生态池中种植水生植物,既可以改善生物的栖息环境,又能够提高灌溉水质。可结合灌区的土壤类型、地下水埋深情况选择是否对生态池的边壁和底部采取防渗处理:当地土质若为砂质土,则需要做防渗处理,若为黏质土或壤土,则夯实即可。在实际应用中应当根据灌溉渠道的具体情况确定开挖生态池的尺寸、横向拓展的空间、生态池底部的植物措施和防渗处理措施,可以在生态池布置数量较多、间距较小的渠段,通过增设 PVC 管将各生态池串联起来,为两栖和水生动物提供更大的活动空间,便于觅食、产卵和迁徙。

（3）渠道底部生态池的效果分析

为了检验灌溉渠道底部生态池的使用效果,本研究进一步开展生态池使用效果的监测试验。在灌区末级渠道(断面尺寸同图 4.1)上设置编号为 M1、M2、M3 的生态池,3 种类型生态池的长度、宽度和深度分别为 50 cm×25 cm×50 cm、25 cm×25 cm×50 cm、50 cm×25 cm×25 cm。将 40 条泥鳅、10 条鲤鱼和 10 条乌鳢放入正在退水的灌溉渠道中,观察并记录在不同时间节点(间隔为 1 h)进入 3 种类型生态池中栖息的生物数量,不同类型生态池的使用效果如图 4.16 所示。

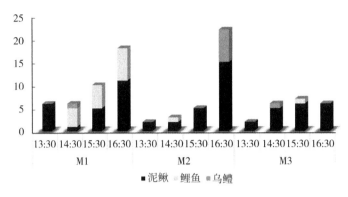

图 4.16   不同类型灌溉渠道生态池的使用效果

试验结果反映了在不同退水阶段及不同水层深度的情况下,生态池类型(容积、深度、截面面积)对鱼类流动和迁移的影响。此外,生态池的进水次序、布置间距、蓄水时间和底泥蓄积量等因素也会对其使用效果造成不同程度的影响,在此不作特别考虑。研究结果表明,不同类型灌溉渠道生态池内的生物数量和种类均会随着退水持续时间增长而增多;渠内水深不低于 5 cm 的情况下,少有鱼类进入生态池中;渠道接近退水干枯时,生态池内生物数量显著增加;M3 生态池的使用效果相对较差,说明在容积相同的情况下,深度对使用效果的影响比截面面积更大。由此可知,灌溉渠道底部生态池的生态效果明显,并且不存在"截留"的生态负效应;当渠道有水时,对鱼类流动和迁移的影响不大;但当渠道干枯无水时,可作为临时性的"避难所"。

4.4   本章小结

本章根据黑斑蛙生态习性和运动能力的研究结果,针对大型灌区的硬质化农渠提出了适用于非灌水期的蛙道构建方法,通过对渠道边坡结构进行局部改造,设计并建造出 12 种生物通道类型。通过开展物理模型试验,检验了不同类型蛙道的使用效果,分析了设计参数和性别差异对黑斑蛙逃脱效果的影响,并结合灌溉渠道生态改造对输水和占地的影响,对蛙道进行类型比选和结构优化。本章得出以下主要结论:

(1)检验蛙道使用效果的试验结果表明,不同类型的蛙道都能够帮助绝大多数黑斑蛙从无水条件下的防渗渠道中逃脱,并具有结构简单、造价低廉的优点。对比分析各组黑斑蛙的逃脱率和逃脱时间可知,N11(坡度 55°、碎石坡面、宽度 100 cm)是渠内蛙类逃脱效果最好的生物通道类型,该类型生物通道的黑斑蛙逃脱率为 100%、逃脱时间为 0.72±0.48 min。

（2）分析了灌溉渠道生物通道的坡度、坡面材质和宽度对黑斑蛙逃脱效果的影响，试验结果验证了"更缓的坡度、更粗糙的坡面材质、更大的宽度，更利于黑斑蛙从防渗渠道中逃脱"的工程实践经验，但综合考虑灌溉渠道的输水效率、占地面积和改造成本，在渠道直段上通道宽度更大的横向蛙道并不是最佳选择。N5（坡度 55°、碎石坡面、宽度 15 cm）和 N11 两种生物通道类型都能够帮助黑斑蛙样本全部成功逃脱，而 N5 的占地面积仅为 N11 的 36%，生态改造对渠道断面形态的改变也较小，可以在很大程度上满足渠道生态修复的多重约束，因此本研究推荐采用的生物通道类型是 N5。

（3）雄蛙比雌蛙的逃脱率更低、逃脱时间更长，更易于受困于灌区防渗渠道中，很可能是由蛙类逃脱能力的性别差异造成的。雌蛙比雄蛙的身体形态更大、跳跃和攀爬能力更强，因此在灌溉渠道生物通道设计中需要重点考虑雄蛙的运动能力，以提高生物通道的使用效果和适用范围。

（4）非灌水期退水干枯后是末级灌溉渠道内蛙类生存和迁移的困难时期，在对生物通道类型进行比选的基础上，提出了生物通道坡面和宽度、底部结构的优化设计方法，能够提高蛙类迁移效率，缓解胁迫作用，并给蛙类提供更大的生存空间和更多的逃脱机会。

第五章
基于弯道水力特性的蛙道构建与数值模拟研究

　　第四章提出的适用于非灌水期的蛙道可以在一定程度上解决末级灌溉渠道退水干枯后受困蛙类的生存和迁移问题，为提高蛙类从渠内成功逃脱的概率和效率，但我们还需进一步考虑在灌水期为蛙类提供更多的逃生机会，使其在生理机能和运动能力未受到影响的情况下便能够返回适宜生境。本章选择适用于灌溉渠道处于稳定水深和流速状况下的弯段生物通道作为研究对象。重点考虑在弯段处设置生物通道是因为合理利用明渠弯道的水力特性可能会有助于渠内蛙类找到生物通道并利用水流作用顺利逃脱。本章建立灌区硬质化农渠弯道的三维水流数值模型并开展数值模拟试验，分析不同弯道的水流结构及其对蛙类运动轨迹的影响，提出弯段生物通道的位置选择和结构形式，并对比分析结构变化前后的水流流态和水头损失，以评估弯段生物通道是否能够在不对输水效率造成较大影响的前提下有效提高渠内蛙类的逃脱效率。

5.1　明渠弯道水流运动的基本规律

　　根据水力学原理，明渠水流进入弯段后会受到离心力的作用，一般凹岸处水位壅高而凸岸处水位降低，进而形成水面超高，即凹岸与凸岸的水位差，由此产生的静水压力与离心力相平衡，使水流在总体上处于受力平衡状态。但水流各部分的受力并不平衡，表现出上层水流因离心力大于静水压力而流向凹岸、下层水流因静水压力大于离心力而流向凸岸的弯道水流运动规律[170,171]。根据明渠弯道的水力特性，灌溉渠道弯段处水流结构的改变可能会帮助渠内蛙类顺着渠道主流线流动而找到生物通道并利用水流作用顺利逃脱。纵向流速分布和横向环流结构是弯道水流特性的主要表现，也是弯段生物通道位置选择的理论依据。

5.1.1　弯道水流纵向流速分布

明渠弯道内的水流作曲线运动时,产生由凹岸指向凸岸的离心力,为使水体处于受力平衡状态,水流结构将重新调整。因此,明渠水流的流速分布将沿渠宽、流程及水深三个方向发生变化。流速沿渠宽和流程方向的变化规律为:受到弯道环流的影响,主流线由凸岸逐渐向凹岸偏移,弯道入口段凹岸的流速小于凸岸,而弯道出口段凹岸的流速大于凸岸;流速沿水深方向的变化规律为:底层水流与表层水流的方向不同,而且由于水平流层间的动量交换增强,流速的最大值可能位于水面以下。根据相关研究成果,本节总结常用的明渠弯道纵向垂线平均流速公式如表 5.1 所示[172-175]。

表 5.1　明渠弯道纵向垂线平均流速公式

提出者	计算公式
卡日尼科夫	$v_{cp} = \text{const} \sqrt{\dfrac{h}{r}}$
刘焕芳	凹岸:$v_{cp}^2 = u_0^2 e^{\frac{-2g(L+x)}{C^2 h}} + v^2\left(\dfrac{h}{H} - \dfrac{C^2 h}{gr\varphi} e^{\frac{6x}{r\varphi}} \ln\dfrac{r+y}{r}\right)\left[1 - e^{\frac{-2g(L+x)}{C^2 h}}\right]$ 中心线:$v_{cp}^2 = u_1^2 e^{\frac{-2gr_c\theta}{C^2 h}} + \dfrac{r}{r_c} v^2\left(\dfrac{h}{H} - \dfrac{C^2 h}{gr\varphi}\left(1 - \dfrac{2\theta}{\varphi}\right)\ln\dfrac{r_c}{r}\right)\left[1 - e^{\frac{-2g(L+x)}{C^2 h}}\right]$ 凸岸:$v_{cp}^2 = u_2^2 e^{\frac{-2gx}{C^2 h}} + v^2\left(\dfrac{h}{H} + \dfrac{C^2 h}{gr\varphi} e^{\frac{-6x}{r\varphi}} \ln\dfrac{r+y}{r}\right)\left[1 - e^{\frac{-2g(L+x)}{C^2 h}}\right]$
王韦、蔡金德	$v_{cp} = C^2 h\left(S_b \dfrac{r_c}{r} - \dfrac{\partial h}{\partial \theta}\dfrac{1}{r}\right)$
王义平	凸岸:$v_{cp}^2 = e^{-\int_0^\theta \frac{\beta_{01}}{C^2 h} r d\theta}\left[\iint_0^\theta \beta_{01} J_\theta r e^{\int_0^\theta \frac{\beta_{01}}{C^2 h} r d\theta} d\theta + v_0^2(r)\right]$ 凹岸:$v_{cp}^2 = e^{-\int_0^\theta \frac{\beta_{02}\kappa}{h} r^{m+1} d\theta}\left[\iint_0^\theta \beta_{02} J_\theta r^{2m+1} e^{\int_0^\theta \frac{\beta_{02}K}{h} r d\theta} d\theta + v_0^2(r)\right]$

说明:以上各式中,v_{cp} 为纵向垂线平均流速(m/s),h 为水深(m),r 为弯道中某点距曲率中心半径(m),u_0 为实测来流断面纵向垂线平均流速值(m/s),u_1、u_2 分别为弯道进、出口断面纵向平均流速沿垂线的分布(m/s),g 为重力加速度(m/s^2),L 为来流断面至进口断面的距离(m),r_c 为弯道中心曲率半径(m),x、y 分别为横、纵坐标,C 为谢才系数(m$^{1/2}$/s),v 为断面平均流速(m/s),H 为断面平均水深(m),φ 为弯道的中心角(°),S_b 为弯道中轴线床面切向坡度(°),θ 为弯道进口断面与所求断面的夹角(°),β_{01}、β_{02} 为修正系数,J_θ 为垂线处水面的纵比降,v_0 为弯道进口断面沿垂线的平均流速(m/s),κ 为卡门常数,m 为巴森系数。

5.1.2 弯道横向环流结构

弯道水流受离心力作用而形成水面横比降,并在弯道断面产生横向压力差。横向压力差沿垂线分布的均匀性和流速沿垂线分布的不均匀性(水流流速在表层大于底层)共同作用使弯道断面上产生纵轴环流(径向水流和竖向水流),并与纵向水流汇合形成螺旋流,即横向环流。弯道横向环流表现为:表层水流向凹岸流动,底层水流向凸岸流动。结合纵向流速分布和横向环流结构,灌溉渠道弯段处水流结构对蛙类运动轨迹的影响如图 5.1 所示。

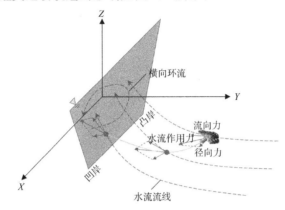

图 5.1　灌溉渠道弯段流态对蛙类运动轨迹的影响

根据相关研究成果,总结常用的明渠弯道横向环流垂线流速公式如表 5.2 所示[172-175]。

表 5.2　明渠弯道横向环流垂线流速公式

提出者	计算公式
波达波夫	$v_r = \dfrac{mu_m^2 h^2}{6\gamma r}\left[-\dfrac{m}{5}(1-\eta)^6+(1-\eta)^4-2\left(1-\dfrac{3}{10}m\right)(1-\eta)^2+\dfrac{7}{15}-\dfrac{6}{35}m\right]$
罗索夫斯基	$v_r = \dfrac{1}{\kappa^2}v_{cp}\dfrac{h}{r}\left[F_1(\eta)-\dfrac{\sqrt{g}}{\kappa C}F_2(\eta)\right]$
张定邦	$v_r = \dfrac{0.013\,4C^2}{g}\dfrac{h}{r}v_{cp}F(\eta)$
张红武	$v_r = 86.7\dfrac{v_{cp}h}{r}\left[\left(1+5.75\dfrac{g}{C^2}\right)\eta^{1.857}-0.88\eta^{2.14}\right.$ $\left.+\left(0.034-12.5\dfrac{g}{C^2}\right)\eta^{0.857}+4.72\dfrac{g}{C^2}-0.088\right]$

说明:以上各式中,相同的字母和符号与表 5.1 中的含义相同,v_r 为横向环流垂线流速(m/s);u_m 为水面流速(m/s);γ 为运动黏滞系数;相对水深 $\eta=z/h$,其中 z 为某点至水面的垂直距离(m);$F_1(\eta)$、$F_2(\eta)$分别为相对水深的函数。

5.2　灌区末级渠系弯道的三维水流数值模型

本研究采用流体力学仿真软件 Fluent,选取标准 k-ε 紊流模型,结合 VOF (Volume of Fluid)模型开展灌溉渠道的弯道水流数值模拟,选择有限体积法 (FVM)作为偏微分方程的离散方法,并运用 SIMPLE 算法对压力和速度进行耦合计算。根据水流数值模拟结果,分析不同弯角的硬质化农渠的弯道水流特性,进而提出适用于灌水期的灌溉渠道弯段生物通道的设计方法并进行效果验证。

5.2.1　控制方程

5.2.1.1　基本方程

（1）质量守恒方程

质量守恒方程又称为连续性方程,任何流体运动时其质量一定守恒,即:单位时间内流体微元体中质量的减少等于同一时间间隔内流体微元表面的质量净通量。

三维直角坐标系下的连续性方程为

$$\frac{\partial \rho}{\partial t}+\frac{\partial (\rho u)}{\partial x}+\frac{\partial (\rho v)}{\partial y}+\frac{\partial (\rho w)}{\partial z}=0 \tag{5.1}$$

对于不可压缩流体,流体密度为常数,连续性方程为

$$\frac{\partial (\rho u)}{\partial x}+\frac{\partial (\rho v)}{\partial y}+\frac{\partial (\rho w)}{\partial z}=0 \tag{5.2}$$

（2）动量守恒方程

任何流体运动时必然满足动量守恒定律,即:微元体中流体的动量对时间的变化率等于外界作用在该微元体上各种力的合力。该定律为牛顿第二定律的数学表达式,即:$\dfrac{\mathrm{d}(mv)}{\mathrm{d}t}=\boldsymbol{F}$,由此推导出三维直角坐标系下 x、y、z 三个方向上的动量守恒方程,即纳维-斯托克斯(N-S)方程:

$$\begin{cases} \dfrac{\partial (\rho u)}{\partial t}+\dfrac{\partial (\rho uu)}{\partial x}+\dfrac{\partial (\rho uv)}{\partial y}+\dfrac{\partial (\rho uw)}{\partial z}=\dfrac{\partial}{\partial x}\left(\mu\dfrac{\partial u}{\partial x}\right)+\dfrac{\partial}{\partial y}\left(\mu\dfrac{\partial u}{\partial y}\right)+\dfrac{\partial}{\partial z}\left(\mu\dfrac{\partial u}{\partial z}\right)-\dfrac{\partial p}{\partial x}+S_u \\[2mm] \dfrac{\partial (\rho v)}{\partial t}+\dfrac{\partial (\rho vu)}{\partial x}+\dfrac{\partial (\rho vv)}{\partial y}+\dfrac{\partial (\rho vw)}{\partial z}=\dfrac{\partial}{\partial x}\left(\mu\dfrac{\partial v}{\partial x}\right)+\dfrac{\partial}{\partial y}\left(\mu\dfrac{\partial v}{\partial y}\right)+\dfrac{\partial}{\partial z}\left(\mu\dfrac{\partial v}{\partial z}\right)-\dfrac{\partial p}{\partial y}+S_v \\[2mm] \dfrac{\partial (\rho w)}{\partial t}+\dfrac{\partial (\rho wu)}{\partial x}+\dfrac{\partial (\rho wv)}{\partial y}+\dfrac{\partial (\rho ww)}{\partial z}=\dfrac{\partial}{\partial x}\left(\mu\dfrac{\partial w}{\partial x}\right)+\dfrac{\partial}{\partial y}\left(\mu\dfrac{\partial w}{\partial y}\right)+\dfrac{\partial}{\partial z}\left(\mu\dfrac{\partial w}{\partial z}\right)-\dfrac{\partial p}{\partial z}+S_w \end{cases}$$

$$\tag{5.3}$$

式中：p 为流体微元上的压强，μ 为动力黏性系数，S_u、S_v、S_w 是作用于流体微元上的广义源项。其中，$S_u = F_x + S_x$，$S_v = F_y + S_y$，$S_w = F_z + S_z$，S_x、S_y、S_z 的表达式如下：

$$\begin{cases} S_x = \dfrac{\partial}{\partial x}\left(\mu\dfrac{\partial u}{\partial x}\right) + \dfrac{\partial}{\partial y}\left(\mu\dfrac{\partial v}{\partial x}\right) + \dfrac{\partial}{\partial z}\left(\mu\dfrac{\partial w}{\partial x}\right) + \dfrac{\partial}{\partial x}(\lambda\,\mathrm{div}\boldsymbol{u}) \\[2mm] S_y = \dfrac{\partial}{\partial x}\left(\mu\dfrac{\partial u}{\partial y}\right) + \dfrac{\partial}{\partial y}\left(\mu\dfrac{\partial v}{\partial y}\right) + \dfrac{\partial}{\partial z}\left(\mu\dfrac{\partial w}{\partial y}\right) + \dfrac{\partial}{\partial y}(\lambda\,\mathrm{div}\boldsymbol{u}) \\[2mm] S_z = \dfrac{\partial}{\partial x}\left(\mu\dfrac{\partial u}{\partial z}\right) + \dfrac{\partial}{\partial y}\left(\mu\dfrac{\partial v}{\partial z}\right) + \dfrac{\partial}{\partial z}\left(\mu\dfrac{\partial w}{\partial z}\right) + \dfrac{\partial}{\partial z}(\lambda\,\mathrm{div}\boldsymbol{u}) \end{cases} \tag{5.4}$$

式中：λ 为第二黏度，通常情况下取值为 $-2/3$。

（3）紊流时均方程

利用 N-S 方程研究紊流，需要对紊流的运动量做平均处理，常用的方法包括：时间平均、空间平均、系综平均。本研究选择应用最广泛的时间平均法，数学表达式如下：

$$\bar{\xi} = \frac{1}{T}\int_{-T/2}^{T/2}\xi\,\mathrm{d}t \tag{5.5}$$

式中：ξ 为随机变量的瞬间值，$\bar{\xi}$ 为 ξ 的时均值。

采用时间平均法对紊流进行统计处理时，可将紊流看作是时均流和瞬时脉动流两种流动的叠加，时均形式的 N-S 方程表示为

$$\begin{cases} \dfrac{\partial(\rho u)}{\partial t} + \dfrac{\partial(\rho uu)}{\partial x} + \dfrac{\partial(\rho uv)}{\partial y} + \dfrac{\partial(\rho uw)}{\partial z} = \dfrac{\partial}{\partial x}\left(\mu\dfrac{\partial u}{\partial x}\right) + \dfrac{\partial}{\partial y}\left(\mu\dfrac{\partial u}{\partial y}\right) + \dfrac{\partial}{\partial z}\left(\mu\dfrac{\partial u}{\partial z}\right) - \dfrac{\partial p}{\partial x} + \\[2mm] \left[-\dfrac{\partial(\rho\overline{u'^2})}{\partial x} - \dfrac{\partial(\rho\overline{u'v'})}{\partial y} - \dfrac{\partial(\rho\overline{u'w'})}{\partial z}\right] + S_u \\[3mm] \dfrac{\partial(\rho v)}{\partial t} + \dfrac{\partial(\rho vu)}{\partial x} + \dfrac{\partial(\rho vv)}{\partial y} + \dfrac{\partial(\rho vw)}{\partial z} = \dfrac{\partial}{\partial x}\left(\mu\dfrac{\partial v}{\partial x}\right) + \dfrac{\partial}{\partial y}\left(\mu\dfrac{\partial v}{\partial y}\right) + \dfrac{\partial}{\partial z}\left(\mu\dfrac{\partial v}{\partial z}\right) - \dfrac{\partial p}{\partial y} + \\[2mm] \left[-\dfrac{\partial(\rho\overline{u'v'})}{\partial x} - \dfrac{\partial(\rho\overline{v'^2})}{\partial y} - \dfrac{\partial(\rho\overline{v'w'})}{\partial z}\right] + S_v \\[3mm] \dfrac{\partial(\rho w)}{\partial t} + \dfrac{\partial(\rho wu)}{\partial x} + \dfrac{\partial(\rho wv)}{\partial y} + \dfrac{\partial(\rho ww)}{\partial z} = \dfrac{\partial}{\partial x}\left(\mu\dfrac{\partial w}{\partial x}\right) + \dfrac{\partial}{\partial y}\left(\mu\dfrac{\partial w}{\partial y}\right) + \dfrac{\partial}{\partial z}\left(\mu\dfrac{\partial w}{\partial z}\right) - \dfrac{\partial p}{\partial z} + \\[2mm] \left[-\dfrac{\partial(\rho\overline{u'w'})}{\partial x} - \dfrac{\partial(\rho\overline{v'w'})}{\partial y} - \dfrac{\partial(\rho\overline{w'^2})}{\partial z}\right] + S_w \end{cases}$$

$$\tag{5.6}$$

5.2.1.2　紊流模型

紊流是一种高度复杂的三维非稳态、带旋转的不规则流动状态。研究者采用不同的紊流数值模拟方法，提出了多种紊流模型。综合比较相关研究所采用的方法，本研究选择标准 $k-\varepsilon$ 紊流模型进行灌溉渠道弯道水流的数值模拟计算[172,175,176]。标准 $k-\varepsilon$ 紊流模型引入了紊动能(k)方程和紊动能耗散率(ε)方程，计算精度高、数据结构简单。作为最基本的双方程模型，标准 $k-\varepsilon$ 紊流模型是目前在水利、航空、农业等工程领域应用最为广泛的紊流模型。

标准 $k-\varepsilon$ 方程通过对紊动能方程和紊动能耗散率方程的求解，进一步计算出紊流黏性系数，再根据 Boussinesq 涡黏性假设求解雷诺应力。标准 $k-\varepsilon$ 模型的输运方程为

$$\frac{\partial k}{\partial t} + u_i\frac{\partial k}{\partial x_i} = \frac{\partial}{\partial x_i}\left[\left(v+\frac{v_t}{\sigma_k}\right)\frac{\partial k}{\partial x_i}\right] + p_k - \varepsilon \tag{5.7}$$

$$\frac{\partial \varepsilon}{\partial t} + u_i\frac{\partial \varepsilon}{\partial x_i} = \frac{\partial}{\partial x_i}\left[\left(v+\frac{v_t}{\sigma_\varepsilon}\right)\frac{\partial \varepsilon}{\partial x_i}\right] + \frac{\varepsilon}{k}(C_{\varepsilon 1}p_k - C_{\varepsilon 2}\varepsilon) \tag{5.8}$$

式中：k 为紊动量；ε 为紊动能耗散率；t 为时间；u_i、x_i 分别为速度分量和坐标分量；p_k 为速度均值梯度产生的紊动能生成项，$p_k = -\rho\overline{u_i'u_j'}\frac{\partial u_j}{\partial x_i}$。输运方程中的常数取值为 $C_\mu=0.09$、$C_{\varepsilon 1}=1.44$、$C_{\varepsilon 2}=1.92$、$\sigma_k=1.0$、$\sigma_\varepsilon=1.3$。

5.2.2　数值计算方法

流体力学计算实质上是对描述流体运动的偏微分方程进行求解。由于流体力学中的偏微分方程及其边界条件和定解条件具有高度的复杂性，难以直接对其进行求解，因此，常采用离散方法求解。采用离散方法可以将计算区域中的偏微分方程的物理量离散到特定的网格系统中预先设定的网格节点上，再根据相关的数学方法或物理定律将待解的偏微分方程转化为离散的代数方程组；通过求解代数方程组便可以得到各节点对应的物理量的值，再采用合理的插值方法便可求得节点间内点的值。

目前，用于求解水流数学模型的常用离散方法为有限体积法、有限差法、有限元法等。本研究选择有限体积法（FVM）作为灌溉渠道弯道水流数学模型的离散方法[171-175]。有限体积法又称为控制体积法，具备良好的守恒性、优良的处理精度和效率，它的基本原理是：将计算区域划分成一系列连续但不重叠的控制体积，并使每个网格点周围有一个控制体积，将待解的微分方程对每一个控制体

积进行积分,得出一组离散方程;方程中的未知数是因变量在控制体积内的某种平均值,再结合边界条件和初始条件对其求解。

相关研究求解不可压缩流动问题离散方程的常用求解方法为 SIMPLE 算法和 PISO 算法。本研究选择 SIMPLE 算法作为离散方程的求解方法[171-175]。SIMPLE 算法的全名为压力耦合方程组的半隐式方法,是计算流体力学中一种被广泛使用的求解不可压缩流场的数值方法。

SIMPLE 算法是一种压力修正法,通过"先猜想后修正"的方法得到压力场,并求解离散化的 N-S 方程,计算步骤如下:假定一个速度分布,记作 u^0、v^0,以此计算动量离散方程中的系数及常数项;假定一个压力场 p^*;依次求解动量方程,得 u^0、v^0;求解压力修正方程,得 p';根据 p' 改进速度场;利用改进后的速度场求解相关物理量 Φ;重复上述步骤,直至收敛。

5.2.3 自由液面处理方法

在包含水气两相流的瞬变流中,需要处理两相间界面的相互作用问题。目前,常用的流体自由液面处理方法为体积率法和刚盖假定法。综合比较相关研究所采用的方法,本研究选择 VOF 模型处理自由液面[171-175]。VOF 模型是用体积率函数来表示流体自由液面的位置及流体所占的体积,能够处理复杂的自由界面追踪问题,而且具有良好的计算精度和效率。它的基本原理是定义一个体积函数 F,在任意计算单元内,各相 F 值的总和始终为 1,即

$$\sum_{i=1}^{n} F_i = 1 \tag{5.9}$$

式中:n 为流体的总相数,对于水气两相流,则 $n=2$。

对于流体而言,F 值可能出现以下 3 种情况:

(1)体积函数 $F=1$ 表示该计算单元内充满了该相流体;

(2)体积函数 $F=0$ 表示该计算单元内不存在该相流体;

(3)体积函数 $0<F<1$ 表示该计算单元内为自由液面。

对于水气两相流,自由液面追踪的体积函数方程为

$$\frac{\partial F}{\partial t} + u_i \frac{\partial F}{\partial x_i} = 0 \tag{5.10}$$

式中:t 为时间,u_i、x_i 分别为速度分量和坐标分量。

5.2.4 弯道模型建立

（1）计算域

为保证设计输水能力和水流安全通畅，在灌区渠线中应当尽量减少弯道布置，但受到地形条件、耕地分散和机耕道路建设等方面的限制，灌溉渠道中不可避免地存在弯道，且弯曲程度较大。实际调研得知，涟东灌区内也存在硬质化农渠弯道，弯曲角度为 90°～180°。灌区末级渠系中的弯道如图 5.2 所示，在节水闸的作用下，灌溉渠道的输水方向重新调整，会形成弯角为 90°的渠道；机耕道路将田块分隔开，若两块格田共用一个取水口，则灌溉渠道会在田间道路的一端形成弯角为 180°的渠道。

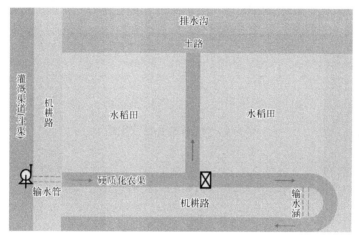

图 5.2 灌区末级渠系中的弯道示意图

基于灌区末级渠系输配水的实际情况，选择弯角为 90°、135°和 180°的灌溉渠道作为研究对象，分别建立三维水流数值模型，并开展弯道水流数值模拟试验。弯角 90°渠道的模型尺寸、水流方向和断面位置如图 5.3 所示，断面尺寸与

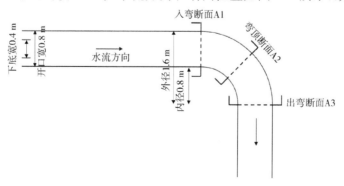

图 5.3 90°弯道模型示意图

4.1.1 中大型灌区硬质化农渠的典型断面相同,即坡度 72°、渠深 0.6 m 的倒梯形断面,弯段的内径为 0.8 m、外径为 1.6 m(中心曲率半径为 1.2 m);为分析弯道沿流程、渠宽和水深的流速分布变化,选择入弯断面 A1、弯顶断面 A2 和出弯断面 A3 作为典型断面。

弯角 135°渠道的模型尺寸、水流方向和断面位置如图 5.4 所示,断面尺寸与上述硬质化农渠典型断面一致;为分析弯道沿流程、渠宽和水深的流速分布变化,在弯顶断面 B2 前后各选取 1 个典型断面 B1 和 B3(间距为凸岸侧沿渠线 0.6 m)。

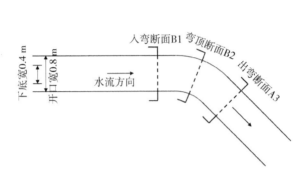

图 5.4　135°弯道模型示意图

弯角 180°渠道的模型尺寸、水流方向和断面位置如图 5.5 所示,断面尺寸与前两种弯角的渠道相同;弯段的内径为 0.8 m、外径为 1.6 m,在灌溉渠道直段之间可形成宽度为 1.6 m 的田间道路;为分析弯道沿流程、渠宽和水深的流速分布变化,在入弯断面 C1 至出弯断面 C5 间再均匀选取 3 个典型断面 C2、C3、C4。

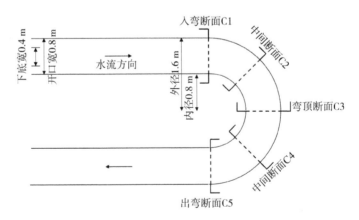

图 5.5　180°弯道模型示意图

（2）网格划分及验证

本研究基于 ICEM 软件采用六面体网格的划分方法对灌区末级防渗渠道弯道的三维水流数值模型进行网格划分。由于弯道水流结构复杂,故本研究对弯道段的网格进行了局部加密处理。3 种弯角硬质化农渠弯道模型的网格划分如图 5.6 所示。

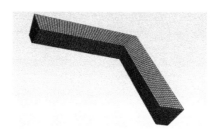

(a) 弯角 90°

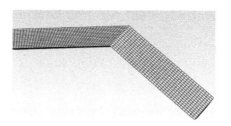

(b) 弯角 135°

(c) 弯角 180°

图 5.6　弯道模型网格划分示意图

本研究选择弯顶断面的最大流速作为网格无关性分析的水力指标,3 种硬质化农渠弯道模型的网格无关性分析如图 5.7 所示。由于对模型的弯道段进行了局部加密,故横坐标上同一个模型的网格总数之间不是倍数关系。结果表明,弯角 90°渠道模型的网格量在 6.6 万个到 13.2 万个之间,弯角 135°渠道模型的网格量在 5.4 万个到 10.9 万个之间,弯角 180°渠道模型的网格量在 6.9 万个到

13.8万个之间,网格疏密情况对水力指标(弯顶断面最大流速)没有显著影响,即在此基础上网格数的增加对硬质化农渠弯道水流数值模拟计算值不再有明显影响。综合考虑计算精度和效率,上述3种弯道模型最终采取的网格数分别为6.6万个、5.4万个和6.9万个。

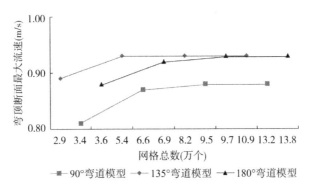

图 5.7 弯道模型网格无关性分析

（3）计算工况

本研究通过在涟东灌区对灌水期硬质化农渠的断面流速和水深进行实测,得到稳定输水状况下流速和水深的范围分别为0.3～0.9 m/s、0.4～0.5 m;利用数学模型对流速和水深的对应关系以及模型的数值稳定性进行初步计算后,选择可以维持流速和水面深度稳定的流速0.8 m/s、水深0.4 m作为灌溉渠道弯道三维水流数值模型的计算工况。

5.2.5 边界条件

进口边界分为气体进口和水流进口,本研究中水流进口边界选用速度进口(流速0.8 m/s),气体进口边界选用压力进口;出口边界均设置为压力出口[171-175]。气体边界处的压力定义为一个标准大气压,压力进口的总压的数值为0;压强方向设定为垂直于边界的方向。紊流的定义方法采用标准$k-\varepsilon$紊流模型的定义方法,紊动能k和紊动能耗散率ε的值采用经验公式计算:

$$k = 0.003\ 75U_m^2 \tag{5.11}$$

$$\varepsilon = k^{1.5}/(0.42H_0) \tag{5.12}$$

式中:H_0为水位高度,U_m为进口速度。

目前,常用的流体壁面处理方法有标准壁面函数法、缩放壁面函数法、增强壁面函数法、非平衡壁面函数法和用户自定义的壁面函数法。结合灌区防渗渠道的实际情况,本研究采用无滑移固壁边界条件[171−175],因此,选择标准壁面函数法进行流体壁面处理,它的基本原理是通过半经验公式将近壁面处的物理量与紊流核心区内待求解的物理量相联系。标准壁面函数法对黏性底层速度分布的描述如下:

$$\begin{cases} U^* = \dfrac{1}{\kappa}\ln(Ey^*) & (y^* > 11.225) \\ U^* = y^* & (y^* < 11.225) \end{cases} \tag{5.13}$$

$$\begin{cases} U^* = \dfrac{U_p C_u^{\frac{1}{4}} k_p^{\frac{1}{2}}}{\tau_w/p} \\ y^* = \dfrac{\rho C_u^{\frac{1}{4}} k_p^{\frac{1}{2}}}{\mu} \end{cases} \tag{5.14}$$

式中:κ 为卡门常数,取值为 0.42;E 为壁面粗糙系数;U_p、k_p 分别为流体在 P 点的平均速度和紊动能;y^* 为 P 点到边壁处的距离,τ_w 为壁面切应力,μ 为动力黏性系数。

5.3 弯道水流的三维数值模拟

5.3.1 纵向流态分析

(1) 90°弯道的纵向流速分布

为更好地展现出弯角 90°渠道沿程断面流速分布的变化情况,在图 5.3 中所选取的 3 个断面(A1、A2、A3)的基础上,再在弯道的入口段和出口段上各布置 2 个断面。新增断面至入口/出口断面的距离分别为 0.6 m 和 1.2 m,沿水流方向分别记为 A11、A12、A31、A32。弯角 90°渠道沿程断面流速分布如图 5.8 所示。由 A11 和 A12 断面的流速分布可知,水流在弯道入弯段上流速分布均匀,符合明渠均匀流的流速分布规律。由 A1、A2 和 A3 断面的流速分布可知,水流在靠近弯顶断面的位置便开始受到弯道环流的影响,水流结构发生变化,流速分布随之重新调整。渠道主流在入弯断面 A1 处仍处于中心线位置,水流结构较为稳定,但已经出现向凸岸偏移的趋势,且表层水流比底层水流的流向变化更明显;渠道主流在弯顶断面 A2 处差不多处于渠道凸岸边壁附近,且流速沿水深方向的变化更为明显;而渠道主流在出弯断面 A3 处已经紧邻渠道凹岸边壁,且水流的分层结构明显。由 A31 和 A32 断面的流速分布可知,渠道主流在经过出弯断面之后向凹岸偏移的趋势仍会持续一段流程且水流结构重现调整的效果不明显。

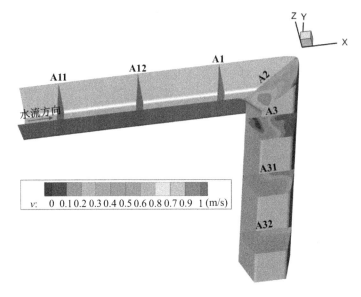

图 5.8 90°弯道沿程断面流速分布

为进一步分析弯角 90°渠道在稳定水深 0.4 m、流速 0.8 m/s 工况下水流纵向垂线流速分布的变化规律,对选取的入弯断面 A1、弯顶断面 A2 和出弯断面 A3 这 3 个典型断面的流速分布云图进行比较,弯角 90°渠道 A1、A2、A3 各断面的纵向主流速分布如图 5.9 所示,以颜色来区分流速大小。由于本研究选择 VOF 模型处理自由液面,流体液面存在水气两相流,断面的流速分布极为复杂;为准确反映弯道水流的流态,弯道沿程各断面的流速云图仅保留水体的流速分布情况,即稳定水深 0.4 m 以下的渠道过水断面的水流结构。在入弯断面 A1 处,大部分区域的纵向流速大于 0.5 m/s,渠道主流仍处于中心线位置,但已经出现向凸岸偏移的趋势,在渠道中心位置的主流区域内,纵向流速处于 0.65~0.7 m/s 之间。在弯顶断面 A2 处,弯道水流的分层结构极为明显,大部分区域的纵向流速大于 0.4 m/s,渠道主流已经明显偏向凸岸,在靠近凸岸一侧水深为 0.02~0.28 m 的主流区域内,纵向流速可达到 0.8 m/s。在出弯断面 A3 处,大部分区域的纵向流速大于 0.5 m/s,渠道主流已经转而偏向凹岸,在靠近凹岸一侧水深为 0~0.37 m 的主流区域内,纵向流速可达到 0.9 m/s。

由此可知,弯角 90°渠道的水流纵向垂线流速分布表现出的变化规律为:弯道入口段凹岸与凸岸的流速基本相同,但凸岸的表层水流流速大于凹岸,主流表现出向凸岸偏移的趋势,并在弯道顶点位置处于凸岸边壁附近,而后主流便由凸岸逐渐向凹岸偏移,且水流的分离现象更为明显,在出弯断面位置处于凹岸边壁附近,弯道出口段凹岸的流速大于凸岸。

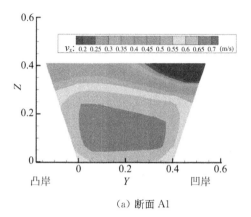

（a）断面 A1

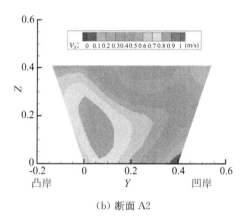

（b）断面 A2

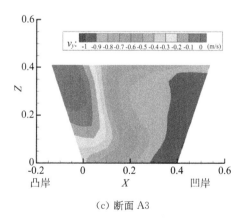

（c）断面 A3

图 5.9　90°弯道断面 A1、A2、A3 的纵向主流速分布

对比 $z/H=0.2$(水深 0.08 m)、$z/H=0.5$(水深 0.2 m)两种不同水深位置的平面流线可知弯道水流流速分布沿水深(垂线)的变化情况。不同水深位置的平面流速的主流线呈现出的运动规律有相似之处,即进入弯道后开始向凸岸侧偏移,过弯顶断面后开始脱离凸岸而向凹岸偏移,并沿凹岸流出弯道。与其他两种弯角相比,90°弯道的水流结构改变最为缓慢。不同之处在于,弯道出口段的水流形态在相对水深 $z/H=0.5$ 处比在 $z/H=0.2$ 处更复杂,水流分离的范围和程度均更大;两种水深位置在弯道出口段的凸岸一侧都形成了一个回流区,$z/H=0.5$ 处的回流区范围更大、流速更小;而且,在入弯断面与弯顶断面之间,$z/H=0.5$ 处的主流线偏向凸岸的程度更明显。试验结果符合"底层水流与表层水流的方向不同,而且由于水平流层间的动量交换增强,流速的最大值可能位于水面以下"这一流速沿水深方向的变化规律[171-173]。

(2) 135°弯道的纵向流速分布

为更好地展现出弯角 135°渠道沿程断面流速分布的变化情况,在图 5.4 中所选取的 3 个断面(B1、B2、B3)的基础上,再在弯道的入口段和出口段上各布置 2 个断面。新增断面至入口/出口断面(距弯顶断面 0.4 m)的距离分别为 0.8 m 和 1.6 m,沿水流方向分别记为 B11、B12、B31、B32。弯角 135°渠道沿程断面流速分布如图 5.10 所示,由 B11 和 B12 断面的流速分布可知,水流在弯道入弯段上流速分布均匀,符合明渠均匀流流速分布规律。由 B1、B2 和 B3 断面的流速

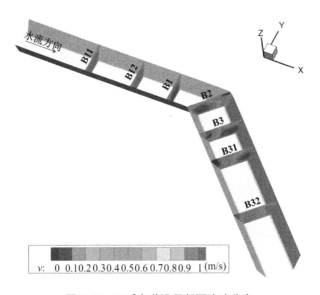

图 5.10　135°弯道沿程断面流速分布

分布可知,水流在靠近弯顶断面的位置便开始受到弯道环流的影响,水流结构发生变化,流速分布随之重新调整。渠道主流在入弯断面 B1 处仍处于中心线位置,水流结构较为稳定,但已经出现向凸岸偏移的趋势;渠道主流在弯顶断面 B2 处差不多处于渠道凸岸边壁附近,且流速沿水深方向的变化更为明显;而渠道主流在出弯断面 B3 处已经很明显地偏向凹岸,且底层水流比表层水流的流向变化更明显。由 B31 和 B32 的断面流速分布可知,渠道主流在经过出弯断面之后向凹岸偏移的趋势仍会持续一段流程且水流结构重现调整的效果不明显。

为进一步分析弯角135°渠道在稳定输水状况下水流纵向垂线流速分布的变化规律,对选取的入弯断面 B1、弯顶断面 B2 和出弯断面 B3 这 3 个典型断面的流速分布云图进行比较,弯角 135°渠道 B1、B2、B3 各断面的纵向主流速分布如图5.11 所示。在入弯断面 B1 处,大部分区域的纵向流速大于 0.75 m/s,渠道主流仍处于中心线位置,但已经出现向凸岸偏移的趋势,在渠道中心位置的主流区域内,纵向流速可达到 0.9 m/s。在弯顶断面 B2 处,弯道水流的分层结构更为明显,大部分区域的纵向流速大于 0.5 m/s,渠道主流已经明显偏向凸岸,在靠近凸岸一侧水深为 0.05～0.25 m 的主流区域内,纵向流速可达到 0.9 m/s。在出弯断面B3 处,大部分区域的纵向流速大于 0.5 m/s,渠道主流已经转而偏向凹岸,在靠近凹岸一侧水深为 0.06～0.20 m 的主流区域内,纵向流速可达到 0.8 m/s。

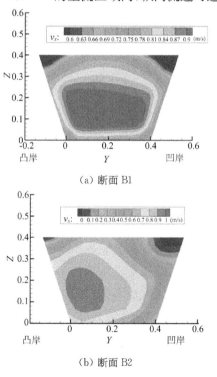

（a）断面 B1

（b）断面 B2

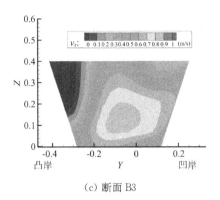

（c）断面 B3

图 5.11　135°弯道断面 B1、B2、B3 的纵向主流速分布

由此可知，弯角 135°渠道的水流纵向垂线流速分布表现出的变化规律为：弯道入口段凹岸与凸岸的流速基本相同，主流表现出向凸岸偏移的趋势，并在弯道顶点位置处于凸岸边壁附近，而后主流便由凸岸逐渐向凹岸偏移，且水流的分离现象更为明显，弯道出口段凹岸的流速大于凸岸。

不同水深位置的平面流速的主流线呈现出的运动规律有相似之处，即进入弯道后开始向凸岸侧偏移，过弯顶断面后开始脱离凸岸而向凹岸偏移，并沿凹岸流出弯道。与其他两种弯角相比，135°弯道的水流结构改变更为迅速。不同之处在于，弯道出口段的水流形态在相对水深 $z/H=0.5$ 处比在 $z/H=0.2$ 处更复杂，在凸岸一侧形成了一个回流区，而且水流的分离区域更大，在入弯断面与弯顶断面之间，主流线偏向凸岸的程度更明显。135°弯道水流流速沿水深方向的变化规律，与前一组数值模拟试验的结果基本相同。

（3）180°弯道的纵向流速分布

为更好地展现出弯角 180°渠道沿程断面流速分布的变化情况，在图 5.5 中所选取的 5 个断面（C1 至 C5）的基础上，再在弯道的入口直道和出口直道上各布置 2 个断面。新增断面至入口/出口断面的距离分别为 0.8 m 和 1.6 m（以弯道内径作为距离间隔），沿水流方向分别记为 C11、C12、C51、C52。弯角 180°渠道沿程断面流速分布如图 5.12 所示。由 C11 和 C12 断面的流速分布可知，水流在弯道入弯直道上流速分布均匀，符合明渠均匀流流速分布规律。由 C1、C2 和 C3 断面的流速分布可知，水流在进入弯道之后，受到弯道环流的影响，水流结构发生变化，流速分布随之重新调整，渠道主流在入弯断面 C1 处已经偏向凸岸，在断面 C2 处进一步向凸岸偏移且流速沿水深方向的变化更为明显，在弯顶断面 C3 处已经开始逐渐向渠道中心线偏移且底层水流先于表层水流开始向凹岸偏移。由 C4 和 C5 断面的流速分布可知，渠道主流在断面 C4 处已经转而偏向凹岸,在出弯断面 C5 处进一步向凹岸偏移。由 C51 和 C52 的断面流速分布可知,渠道水流流态仍持续了出弯断面处的状态且水流结构重现调整的效果不明显。

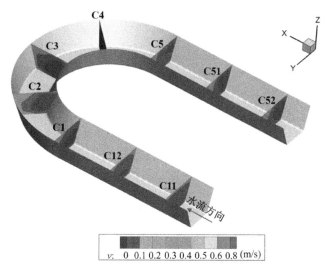

图 5.12　180°弯道沿程断面流速分布

为进一步分析弯角 180°渠道在稳定输水状况下水流纵向垂线流速分布的变化规律,对选取的入弯断面 C1、弯顶断面 C3、出弯断面 C5 以及中间断面 C2 和 C4 这 5 个典型断面的流速分布云图进行比较,弯角 180°渠道 C1 至 C5 各断面的纵向主流速分布如图 5.13 所示。在入弯断面 C1 处,大部分区域的纵向流速为 0.7~0.8 m/s,渠道主流已经偏向凸岸,在靠近凸岸一侧水深为 0.2~0.3 m 的小区域内,纵向流速可达到 0.8 m/s。在断面 C2 处,弯道水流的分层结构更为明显,大部分区域的纵向流速大于 0.6 m/s,渠道主流进一步向凸岸偏移,在靠近凸岸一侧水深为 0.05~0.36 m 的主流区域内,纵向流速可达到 0.8 m/s。在弯顶断面 C3 处,底层水流和表层水流的分离现象更为明显,大部分区域的纵向流速大于 0.6 m/s,渠道主流已经开始逐渐向渠道中心线偏移,在靠近凸岸一侧水深为 0.03~0.34 m 的主流区域内,纵向流速可达到 0.8 m/s。在断面 C4 处,大部分区域的纵向流速为 0.7~0.8 m/s,渠道主流已经转而偏向凹岸,在靠近凹岸一侧水深为 0.04~0.33 m 的主流区域内,纵向流速可达到 0.8 m/s。在出弯断面 C5 处,大部分区域的纵向流速大于 0.6 m/s,渠道主流进一步向凹岸偏移,在靠近凹岸一侧水深为 0.06~0.3 m 的主流区域内,纵向流速可达到 0.8 m/s。

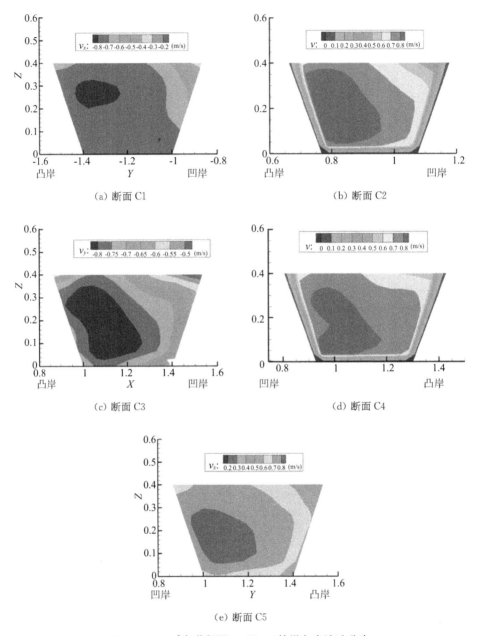

（a）断面 C1

（b）断面 C2

（c）断面 C3

（d）断面 C4

（e）断面 C5

图 5.13　180°弯道断面 C1 至 C5 的纵向主流速分布

由此可知，弯角 180°渠道的水流纵向垂线流速分布表现出的变化规律为：弯道入口段凹岸的流速小于凸岸，主流逐渐向凸岸偏移，在弯道顶点偏前位置，主流便由凸岸逐渐向凹岸偏移，且水流的分离现象更为明显，弯道出口段凹岸的流速大于凸岸。

通过对比平面流线可知,不同水深位置的平面流速的主流线呈现出相同的运动规律,即进入弯道后开始向凸岸侧偏移,过弯顶断面(附近)后开始脱离凸岸而向凹岸偏移,到达渠道中心线后继续向凹岸偏移,并沿凹岸流出弯道。不同之处在于,相对水深 $z/H=0.5$ 处的流速在整体上大于 $z/H=0.2$ 处,而且水流的分离区域更大,在入弯断面与弯顶断面之间,主流线偏向凸岸的程度更明显。

5.3.2　横向环流分析

（1）90°弯道的断面横向环流

为进一步分析弯角 90°渠道在稳定水深 0.4 m、流速 0.8 m/s 工况下水流横向环流流速分布的变化规律,对选取的入弯断面 A1、弯顶断面 A2 和出弯断面 A3 这 3 个典型断面的流速分布云图进行比较,弯角 90°渠道 A1、A2、A3 各断面的横向环流流速分布(横向和垂向的合速度)如图 5.14 所示,颜色和箭头长度表示流速大小,箭头方向表示流速方向。

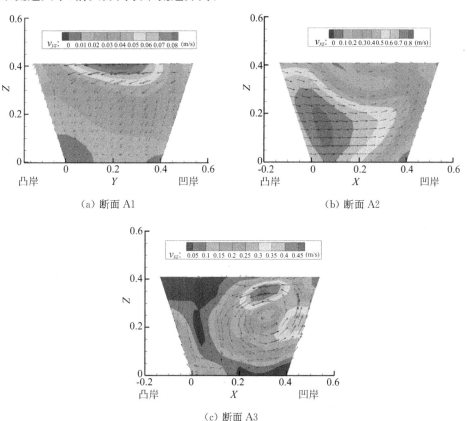

（a）断面 A1　　　　　　（b）断面 A2

（c）断面 A3

图 5.14　90°弯道断面 A1、A2、A3 的横向环流流速分布

在入弯断面 A1 处,表层水流和底层水流大体上都指向凸岸,且除表层之外的水流均指向凸岸底部,表层水流流速大于底层水流流速,但未出现明显的横向环流。在弯顶断面 A2 处,表层水流和底层水流基本上都指向凹岸,在靠近凹岸一侧水深 0.25 m 以上的区域内出现了 1 个较为明显的横向环流,环流的上层水流指向凸岸、下层水流指向凹岸(次生环流),环流的流速处于 0.1~0.6 m/s 之间。在出弯断面 A3 处出现了 2 个明显的横向环流,从下游向上游方向看:一个是出现在靠近凸岸一侧的"顺时针"横向环流,环流的上层水流指向凹岸、下层水流指向凸岸,环流的范围约占过水断面的 1/2,但流速小于 0.2 m/s;另一个是出现在靠近凹岸一侧的"逆时针"横向环流,环流的范围更大,流速处于 0.1~0.5 m/s 之间。试验结果符合"表层水流向凹岸流动、底层水流向凸岸流动"的弯道水流结构特征,但在弯顶断面和出弯断面的凹岸一侧产生的是与主环流方向相反的次生环流,且环流的范围和强度均较大。

(2)135°弯道的断面横向环流

为进一步分析弯角 135°渠道在稳定输水状况下水流横向环流流速分布的变化规律,对选取的入弯断面 B1、弯顶断面 B2 和出弯断面 B3 这 3 个典型断面的流速分布云图进行比较,弯角 135°渠道 B1、B2、B3 各断面的横向环流流速分布如图 5.15 所示。

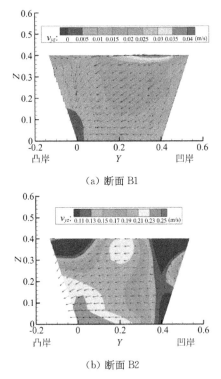

(a) 断面 B1

(b) 断面 B2

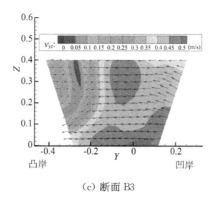

（c）断面 B3

图 5.15 135°弯道断面 B1 至 B3 的横向环流流速分布

在入弯断面 B1 处,表层水流和底层水流基本上都指向凸岸底部,凹岸附近表层水流流速明显大于凸岸附近底层水流流速,但未出现明显的横向环流。在弯顶断面 B2 处,表层水流和底层水流大体上都指向凹岸,凸岸附近底层水流流速明显大于凹岸附近水流和凸岸附近表层水流的流速,但也未出现明显的横向环流。在出弯断面 B3 处,除凸岸附近表层水流之外,表层水流和底层水流基本上都指向凸岸底部,凹岸附近底层水流流速明显大于凸岸附近表层水流流速,但仍未出现明显的横向环流。试验结果符合弯道水流结构特征,但在选取的 3 个典型断面上并未形成明显的横向环流。

（3）180°弯道的断面横向环流

为进一步分析弯角 180°渠道在稳定输水状况下水流横向环流流速分布的变化规律,对选取的入弯断面 C1、弯顶断面 C3 和出弯断面 C5 这 3 个典型断面的流速分布云图进行比较,弯角 180°渠道 C1 至 C5 各断面的横向环流流速分布如图 5.16 所示。

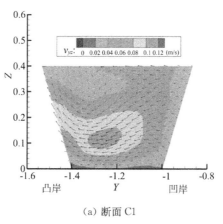

（a）断面 C1

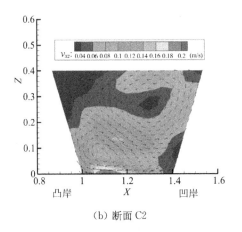

（b）断面 C2

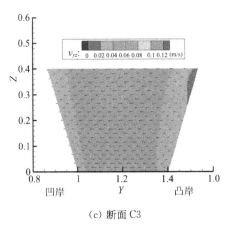

（c）断面 C3

图 5.16　180°弯道断面 C1 至 C5 的横向环流流速分布

　　在入弯断面 C1 处，表层水流和底层水流大体上都指向凸岸，在靠近凸岸一侧水深 0.25 m 以上的区域内出现了 1 个较为明显的横向环流，环流的上层水流指向凹岸、下层水流指向凸岸，但环流的范围较小且流速小于 0.04 m/s。在弯顶断面 C3 处出现了 2 个明显的横向环流，从下游向上游方向看：一个出现在靠近凸岸一侧水深 0.2 m 以下的区域内，为顺时针环流，环流的流速处于 0.04～0.16 m/s 之间；另一个出现在靠近凹岸一侧水深 0.1 m 以上的区域内，为逆时针环流，环流的流速处于 0.04～0.12 m/s 之间。在出弯断面 C5 处，从上游向下游方向看（保证横坐标的数值从左至右为由小到大），未出现明显的横向环流，表层水流和底层水流均指向凹岸，水流在垂向和横向上的分布较为均匀，水流逐渐恢复平稳。弯顶断面产生的是与主环流方向相反的次生环流，强度相对较小，但形成的范围更大。

5.3.3　弯道流态对蛙类运动轨迹的影响

根据弯道水流三维数值模拟的结果,可以绘制出不同弯角硬质化农渠的水流动力轴线,即弯道沿程各断面中最大纵向垂线平均流速点所在位置的连线,又被称为水流主流线。它能够反映水流最大动量所在的位置,它的变化对渠内蛙类随水流运动的轨迹具有重要影响。由于黑斑蛙的质量较小(27.8~68.0 g),所受重力与水流动力相比较小,而且参考黑斑蛙的生态习性,在有水流的条件下,渠内蛙类在水流作用下随主流流动,基本不具备克服水流阻力的意愿和能力。本研究将硬质化农渠弯道段的水动力轴线视为渠内蛙类的运动轨迹,不同弯角渠道的水流结构会对蛙类的运动轨迹线产生影响,包括纵向流速分布和横向环流结构。

渠内蛙类在弯角 90°渠道中的运动轨迹线如图 5.17 所示,蛙类在渠道弯段的运动轨迹在横向和垂向上均存在波动,总体的运动趋势表现为从渠道中心线向凸岸偏移,而后又向凹岸偏移,经过出弯断面的凹岸渠壁附近时(横向上靠近渠壁,垂向上靠近水面),断面的水流结构适合蛙类利用水流作用从该位置逃脱。

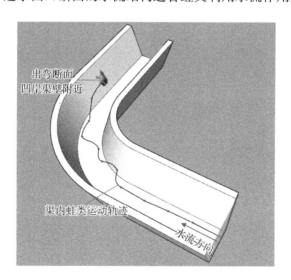

图 5.17　渠内蛙类在 90°弯道中的运动轨迹线

渠内蛙类在弯角 135°渠道中的运动轨迹线如图 5.18 所示,水流动力轴线符合弯道水流运动规律,蛙类在渠道弯段的运动轨迹在横向和垂向上均存在波动,但变化幅度较小,并未在渠道沿程某一断面处形成适合蛙类逃脱的水流结构。

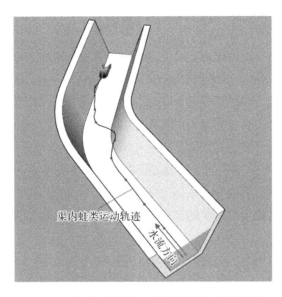

图 5.18　渠内蛙类在 135°弯道中的运动轨迹线

　　渠内蛙类在弯角 180°渠道中的运动轨迹线如图 5.19 所示,蛙类在渠道弯段的运动轨迹在横向和垂向上均存在波动,运动轨迹线的变化趋势与前两种弯道基本相同,经过弯顶断面的凹岸渠壁附近时,断面的水流结构适合蛙类利用水流作用从该位置逃脱,但仅就轨迹点位置而言,90°弯道出弯断面的逃脱效果更好。

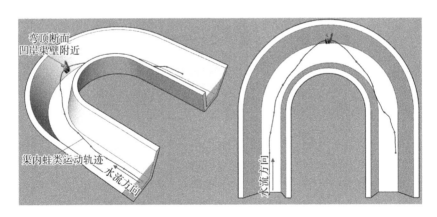

图 5.19　渠内蛙类在 180°弯道中的运动轨迹线

　　根据沿程断面的流速分布云图可知,不同弯角硬质化农渠水流流速沿流程和渠宽方向的变化规律均为:弯道入口段凹岸与凸岸的流速基本相同(或略小),主流从渠道中心线逐渐向凸岸偏移,在弯道顶点(或偏前)位置处于渠道凸岸边壁附近,而后逐渐向渠道中心线靠拢,再进一步向凹岸偏移,且水流的分离现象更为明显,在出弯断面位置处于凹岸边壁附近,弯道出口段凹岸的流速大于凸岸。其中,90°弯道在弯顶断面之后的水流分层结构更为明显,180°弯道在入弯断面之前主流便表现出向凸岸偏移的趋势。

根据不同水深位置流速分布及流线图可知,不同弯角硬质化农渠水流流速沿水深方向的变化规律均为:$z/H=0.5$ 水深位置(表层水流)的流速在整体上大于 $z/H=0.2$ 水深位置(底层水流),而且水流的分离区域更大,在入弯断面与弯顶断面之间主流线偏向凸岸的程度更为明显。其中,90°和135°弯道在进入弯段后水流结构改变更为迅速,水流形态更为复杂;90°弯道出口段的凸岸一侧在两种水深位置都形成了回流区,其中 $z/H=0.5$ 水深位置的回流区范围更大、流速更小。

根据横向环流流速分布云图可知,不同弯角硬质化农渠的水流结构特征均为:表层水流向凹岸流动,底层水流向凸岸流动,次生环流的方向与之相反。90°弯道在弯顶断面的凹岸一侧形成了一个较为明显的横向环流;在出弯断面的凸岸和凹岸各形成了一个明显的横向环流,凹岸处次生环流的强度(流速)和范围均更大。135°弯道在选取的 3 个典型断面上并未形成明显的横向环流。180°弯道在入弯断面的凸岸一侧形成了一个较为明显的横向环流,但强度和范围均较小;在弯顶断面的凸岸和凹岸各形成了一个明显的横向环流,凹岸处的次生环流强度与凸岸相近但范围更大。

5.4　蛙道的构建与模拟分析

5.4.1　蛙道位置和结构形式

由不同弯角硬质化农渠的弯道水流特性分析结果可知,可能会形成有利于渠内蛙类随主流流动而逃脱的水流结构的弯段典型断面是 90°弯道的弯顶断面和出弯断面、180°弯道的弯顶断面。下文通过进一步分析上述 3 个断面在稳定水深和流速条件下的水流结构来选择灌溉渠道弯段生物通道的设计位置。

90°弯道弯顶断面 A2 的纵向垂线和横向环流流速分布如图 5.20 所示,在靠近凹岸一侧水深 0.25 m 以上的区域内出现了一个较为明显的次生环流,环流的上层水流指向凸岸、下层水流指向凹岸,环流的流速(垂向和横向的合速度)处于 $0.1\sim0.6$ m/s 之间,环流区域的纵向流速为 $0.1\sim0.6$ m/s,小于凸岸处流速,不属于主流区域。

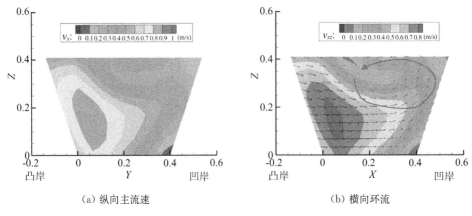

（a）纵向主流速　　　　　　　　　　（b）横向环流

图 5.20　90°弯道弯顶断面的纵向流速和横向环流

　　90°弯道出弯断面 A3 的纵向垂线和横向环流流速分布如图 5.21 所示,在靠近凹岸一侧出现了一个明显的次生环流,环流的流速处于 0.1～0.5 m/s 之间,环流区域的范围更大且纵向流速为 0.6～1.0 m/s,大于凸岸处流速,属于主流区域。

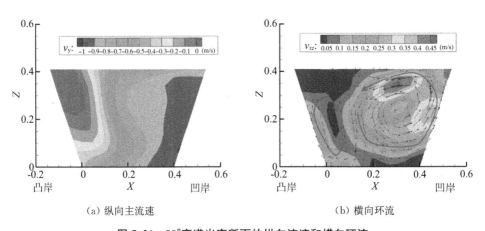

（a）纵向主流速　　　　　　　　　　（b）横向环流

图 5.21　90°弯道出弯断面的纵向流速和横向环流

　　180°弯道弯顶断面 C3 的纵向垂线和横向环流流速分布如图 5.22 所示,在靠近凹岸一侧水深 0.1 m 以上的区域内出现了一个明显的次生环流,环流的流速处于 0.04～0.12 m/s 之间,环流区域的纵向流速为 0.5～0.75 m/s,小于凸岸处流速,不属于主流区域。

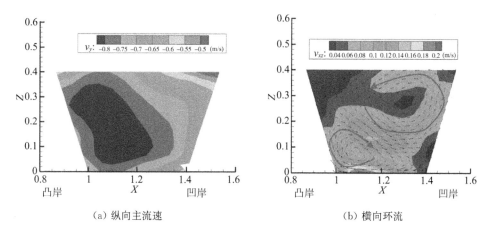

（a）纵向主流速　　　　　　　　　　（b）横向环流

图 5.22　180°弯道弯顶断面的纵向流速和横向环流

由此可知，上述 3 个弯道断面中最适合通过结构改造而形成灌溉渠道弯段生物通道的是 90°弯道的出弯断面，该断面上次生环流区域的范围和强度以及纵向流速均较大，更利于蛙类借助水动力作用从渠内逃脱；其次是 180°弯道的弯顶断面，渠道主流的流速和方向也会帮助蛙类在弯段处随水流流动而逃脱。因此，本研究选择在 90°弯道出弯断面和 180°弯道弯顶断面的凹岸处设置生物通道。

根据第四章中灌溉渠道生物通道使用效果的试验结果，坡度 55°、碎石坡面、宽度 100 cm 的生物通道的生境连通效果最好，而且弯道段一般出现在田间道路的末端或节点处，具有较大的改造空间。因此，90°和 180°弯道的弯段生物通道采用上述设计参数，根据位置选择的分析结果，分别以凹岸侧出弯断面和弯顶断面处作为生物通道的中心位置，90°弯道出弯断面和 180°弯道弯顶断面的生物通道如图 5.23 所示。

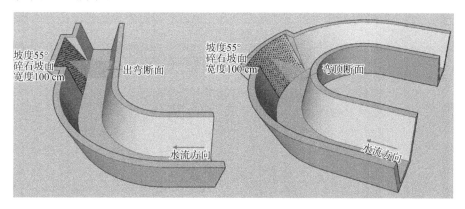

图 5.23　90°弯道出弯断面和 180°弯道弯顶断面的蛙道设计示意图

灌水期灌溉渠道处于稳定水深和流速状况下,弯段生物通道处的水流结构有助于渠内蛙类顺着渠道主流找到生物通道并利用局部水流推力进行迁移或逃脱。当灌溉渠道处于退水阶段时,水流较缓,渠内蛙类可能会在水面上游动,距离渠顶更近,也可以在无水动力作用的情况下利用生物通道从渠内逃脱;坡度55°处于适宜范围内,而且碎石坡面更利于蛙类在逃脱过程中抓握,能够提高迁移效率。本研究还需要通过开展水流数值模拟试验来进一步分析灌水期灌溉渠道弯段生物通道优化设计的效果。

5.4.2 蛙道水流流态数值模拟

设置生物通道会改变硬质化农渠弯段原有的边坡结构,因此需要重新建立结构改变后灌溉渠道弯道的三维水流数值模型,而且弯段生物通道水流流态数值模拟所采用的工具和方法与5.2相同。下文通过对比结构变化前后各典型断面的纵向主流速和横向环流,分析弯段生物通道的设置对弯道段水流流态的影响以及对渠内蛙类顺着渠道主流而逃脱的作用。

(1) 90°弯道出弯断面蛙道

在出弯断面处设置弯段生物通道后,90°弯道的纵向垂线和横向环流流速分布如图5.24所示。与图5.21对比可知,弯段结构变化并未对弯道水流的纵向流速分布和横向环流结构造成明显影响,弯道段的水流结构有利于渠内蛙类找到弯段生物通道并利用水流作用顺利逃脱。结构变化后出弯断面因为过水面积增大,纵向主流速有所减小而且水流结构更为复杂,结合渠道主流线的变化可知,在弯道出口段形成的凸岸一侧回流区的范围也随之增大。而且,出弯断面上凹岸一侧次生环流的范围和强度均增大,环流内流速大于0.45 m/s的区域增大,更利于蛙类借助水流作用从渠内逃脱。

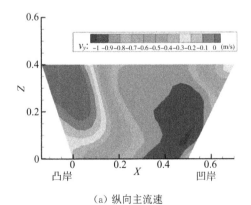

(a) 纵向主流速

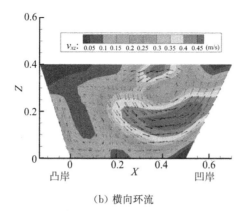

（b）横向环流

图 5.24　90°弯道出弯断面蛙道的纵向流速和横向环流

渠内蛙类在 90°弯道出弯断面生物通道中的运动轨迹线如图 5.25 所示,与图 5.17 相比,在出弯断面处设置生物通道后,蛙类在渠道弯段的运动轨迹在横向和垂向上均出现变化,但轨迹点会落在生物通道坡面上,出弯断面凹岸侧仍是最适合渠内蛙类利用水流作用逃脱的位置,故模拟结果表明弯段生物通道可以帮助蛙类逃脱。

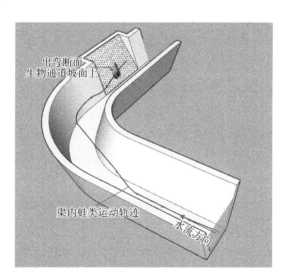

图 5.25　渠内蛙类在 90°弯道出弯断面蛙道中的运动轨迹线

（2）180°弯道弯顶断面蛙道

在弯顶断面处设置弯段生物通道后,180°弯道的纵向垂线和横向环流流速分布如图 5.26 所示。与图 5.22 对比可知,弯段结构变化并未对弯道段的水流流态造成明显影响,弯段生物通道处的水流结构可以帮助蛙类进行逃脱或迁移。结构变化后弯顶断面因为过水面积增大而纵向主流速减小,而且断面上凹岸一侧次生环流的范围增大但强度减小,能够为渠内蛙类逃脱提供的水动力有所减弱。因此,在180°弯道的出弯断面上设置弯段生物通道对于灌水期提高蛙类迁移效率的效果较好。

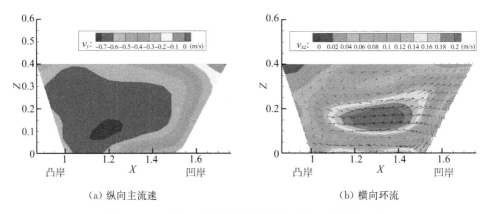

(a)纵向主流速   (b)横向环流

图5.26 180°弯道弯顶断面蛙道的纵向流速和横向环流

渠内蛙类在180°弯道弯顶断面生物通道中的运动轨迹线如图5.27所示,与图5.19相比,在弯顶断面处设置生物通道后,蛙类在渠道弯段的运动轨迹在三维空间中会发生变化,但轨迹点会落在生物通道坡面上,弯顶断面凹岸侧仍是最适合渠内蛙类利用水流作用逃脱的位置,故模拟结果表明弯段生物通道可以帮助蛙类逃脱。

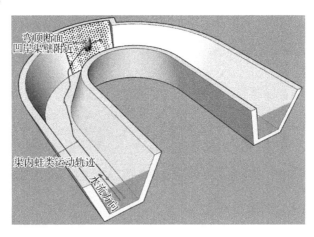

图5.27 渠内蛙类在180°弯道弯顶断面蛙道中的运动轨迹线

5.4.3 弯段结构变化对输水效率的影响

弯段生物通道水流数值模拟的结果已经表明,利用弯道水流特性在灌溉渠道的凹岸处设置的生物通道能够形成有利于蛙类逃脱或迁移的水流结构。但弯段生物通道的设置在一定程度上会改变渠道断面水力要素,进而影响输配水能力。下文利用伯努利方程计算灌溉渠道弯道结构变化前后的沿程水头损失,以评估设置弯段生物通道对输水效率的影响。

由伯努利方程的能量意义可知,对于实际液体而言,恒定元流的能量方程应写为[170]

$$z_1 + \frac{p_1}{\rho g} + \frac{u_1^2}{2g} = z_2 + \frac{p_2}{\rho g} + \frac{u_2^2}{2g} + h_w' \tag{5.15}$$

式中: h_w' 为元流单位重量液体从过水断面 1 到断面 2 的机械能损失,即水头损失; z 和 $\frac{p}{\rho g}$ 分别表示过水断面形心处相对于基准面的位置高度和压强高度,即位置水头和压强水头; u 为过水断面形心处的流速,可近似代表整个面上的流速。

根据弯段生物通道水流数值模拟试验的结果,弯道段的水流结构复杂,某一点处的流速难以代表整个断面的流速大小。因此,本研究将上述两种带有弯段生物通道的灌溉渠道的入弯断面和出弯断面的平均流速代入能量方程中,分析因设置生物通道而造成的结构改变对弯道段水头损失的影响。弯道结构变化前后入弯断面和出弯断面的平均流速如表 5.3 所示。

表 5.3　弯道段设置蛙道前后入弯断面和出弯断面的平均流速　　单位:m/s

弯道段结构	弯角	蛙道位置	入弯断面	出弯断面
设置蛙道前	90°		0.170	0.144
	180°		0.160	0.158
设置蛙道后	90°	出弯断面	0.116	0.115
	180°	弯顶断面	0.159	0.156

将上述弯段设置生物通道前后的断面平均流速代入公式(5.15)中可知,90°弯道在出弯断面处设置生物通道之前,弯段沿程水头损失约为 4.17×10^{-4} m,结构改变后约为 1.18×10^{-5} m;180°弯道在弯顶断面处设置生物通道之前,弯段沿程水头损失约为 3.24×10^{-5} m,结构改变后约为 4.82×10^{-5} m。由于设置弯段生物通道会在局部增大灌溉渠道的过水面积,结构改变后的入弯和出弯断面

的平均流速均出现不同程度的减小。进一步计算得到,90°和180°弯道因设置生物通道而造成的水头损失分别为 $3.83×10^{-4}$ m 和 $3.21×10^{-5}$ m。

由此可知,在90°弯道出弯断面和180°弯道弯顶断面的凹岸处设置适用于灌水期的生物通道对水流流态和输水效率无明显影响,而且90°弯道出弯断面上的生物通道的水流结构更适合蛙类从渠内逃脱,因结构改变而带来的水流动能消耗更大,但能够保证灌溉水流的安全通畅。因此,本研究建议在灌溉渠道生物通道的工程实践中合理利用硬质化农渠中的弯道段,根据水流数值模拟试验的结果,在水流结构适合的位置(一般为凹岸侧弯顶至出弯之间的断面)建设生物通道,以提高灌水期渠内蛙类的迁移效率。

5.5 本章小结

本章根据第四章中不同类型蛙道使用效果的分析结果,结合灌区末级渠系输配水的实际情况,建立了灌区硬质化农渠弯道的三维水流数值模型,通过开展数值模拟试验,模拟了不同弯道处于稳定输水条件下的水力特性;分析了不同弯道的水流结构对渠内蛙类运动轨迹的影响以及沿程各断面的纵向流速分布和横向环流结构,提出了弯段生物通道的设计方法,并通过水流数值模拟和水头损失计算,评估了设置蛙道对蛙类逃脱效果和渠道输水效率的影响。本章得出以下主要结论:

(1)硬质化农渠弯道水流的纵向流态分析结果表明,不同弯道在稳定水深 0.4 m 和流速 0.8 m/s 条件下,纵向流速分布沿渠宽、流程以及水深方向的变化规律基本相同,均表现出渠道主流在弯段先后向凸岸和凹岸偏移、凹岸流速由小变大、$z/H=0.5$ 处的流速在整体上大于 $z/H=0.2$ 处且水流分离现象更为明显等特征;但不同弯道在进入弯段后水流结构改变的速度和程度并不相同,沿程各断面的纵向主流速分布对渠内蛙类运动轨迹的影响也存在差别,90°弯道的水流结构变化更为迅速且复杂。

(2)硬质化农渠弯道水流的横向环流分析结果表明,不同弯道均表现出表层水流向凹岸流动、底层水流向凸岸流动的弯道水流结构特征;但不同弯道沿程各断面的横向环流结构并不相同,环流的强度和范围也会对渠内蛙类运动轨迹产生不同的影响,90°弯道和180°弯道分别在出弯断面和弯顶断面形成2个明显的横向环流,凹岸处环流的强度和范围均较大,有助于渠内蛙类随主流运动而逃脱,而135°弯道的典型断面上并未形成明显的横向环流。

(3)根据不同弯道的水流动力轴线,分析了弯道水流结构对蛙类运动轨迹的影响,得出了适合渠内蛙类逃脱的位置,结合水流纵向流速分布和横向环流结构,选择在 90°弯道出弯断面和 180°弯道弯顶断面的凹岸处通过对边坡结构进行局部改造而设置生物通道。模拟结果表明,两种弯段生物通道对水流流态和输水效率并无明显影响,最大沿程水头损失约为 3.83×10^{-4} m,能够保证灌溉水流安全通畅并有助于蛙类利用水流作用而逃脱。

第六章
结论与展望

6.1 主要研究结论

本书以缓解灌区末级渠系防渗工程造成的生境破碎化、保护农业生物多样性为研究目标,以蛙类生物通道作为渠道生态修复的切入点,选择分布范围广、生态价值高且被列入"三有"动物名录的黑斑蛙作为保护物种,在国家大型灌区涟东灌区研究了灌溉渠道对蛙类迁移行为的影响机理,提出了不同适用场景下灌区末级渠系蛙道的构建方法,并开展了效果分析和优化设计,为灌溉渠道生物通道的设计、改造和评价提供科学依据。本书的主要研究结论如下:

(1) 构建生物通道需要参考目标物种的生态习性和运动能力,通过黑斑蛙运动能力及其影响因素试验,分析了黑斑蛙的身体形态和运动能力特征以及灌区末级防渗渠道对黑斑蛙迁移行为的影响。黑斑蛙的身体形态与运动能力之间存在显著的正相关关系,体形越大,则跳跃能力越强;体重与其他 3 个变量之间均存在高度相关($r \geqslant 0.7$),相关程度从高到低依次为:跳高高度>跳远距离>体长;以体重作为自变量建立的线性回归模型拟合效果较好($R^2 > 0.7$),能够准确反映各项运动能力影响因素之间的数量关系。黑斑蛙在不同坡面材质上的极限坡度从大到小依次为:碎石>草皮>反坡阶梯>混凝土。在碎石坡面上,超过85.0%的黑斑蛙能够通过坡度大于65°的斜坡,而在混凝土坡面上,超过80.0%的黑斑蛙无法通过坡度大于50°的斜坡;黑斑蛙在逃脱过程中表现出逐次上跳的高度会随着上跳次数的增加而减少,且大部分黑斑蛙通过少于 5 次的上跳即可成功逃脱的上跳运动特征。

(2) 黑斑蛙运动能力影响因素灰色关联分析的结果表明,体重 37.5 g、体长6.9 cm 的雄蛙和体重 42.1 g、体长 7.0 cm 的雌蛙最能代表黑斑蛙运动能力的整体水平,两者在混凝土坡面上能够成功逃脱的最大坡度均为 40°,因此对于灌溉工程建设中使用率最高且生态性较差的混凝土渠道边坡或生物通道的坡度建议小于 40°;反坡阶梯、草皮和碎石坡面的坡度"生态阈值"则分别为 50°、60° 和 65°。本书根据黑斑蛙的运动表现和特征,提出了蛙道坡度和坡面材质等设计参数的适宜类型和取值范围。雌蛙比雄蛙的身体形态更大、跳跃和攀爬能力更强,在灌溉渠道的蛙道设计中需要重点考虑雄蛙的形态特征和逃脱能力,以提高生物通道的使用效果和适用范围。本书在分析了黑斑蛙对渠道硬质护坡的适应性,对比蛙类运动能力与典型硬质化农渠的结构参数(渠宽 80 cm、渠深 60 cm 和坡度 72°等)后得出结论:蛙类在田间迁移扩散的过程中易于落入渠内且难以逃脱,而非灌水期渠内的生境适宜性低,因此在灌区末级渠系中设置蛙道十分必要。

(3) 本书结合灌水周期和黑斑蛙生长周期分析蛙道的适用场景得知,末级灌溉渠道退水后是渠内蛙类生存和迁移的困难时期;根据蛙类运动能力,针对典型硬质化农渠提出了对边坡结构进行局部改造的蛙道构建方法。检验蛙道使用效果的物理模型试验结果表明,不同类型的蛙道都能够帮助绝大多数黑斑蛙从无水条件下的渠道中逃脱;对比分析各组黑斑蛙的逃脱效果以及坡度、坡面材质和宽度对黑斑蛙逃脱率和速度的影响可知,N11(坡度 55°、碎石坡面、宽度 100 cm)是使用效果最好的蛙道,该类型蛙道的黑斑蛙逃脱率为 100%、逃脱时间为 0.72 ± 0.48 min。更缓的坡度、更粗糙的坡面材质和垂直于水流方向的横向设计,更利于蛙类利用蛙道逃脱,但综合考虑灌溉渠道的输水效率、占地面积和改造成本,在渠道直段上设置宽度更大的横向蛙道并不是最佳选择;N5(坡度 55°、碎石坡面、宽度 15 cm)和 N11 两种蛙道都能够帮助黑斑蛙全部成功逃脱,而 N5 的占地面积仅为 N11 的 36%,这样的生态改造对渠道断面形态的改变也较小,可以在很大程度上满足渠道生态修复的多重约束,因此本书推荐采用的蛙道类型是 N5。在对蛙道类型进行比选的基础上,本书提出了蛙道坡面和宽度、渠道底部结构的优化设计方法,提高蛙类迁移效率、缓解胁迫作用,并给蛙类提供更大的生存空间和更多的逃脱机会。

(4) 利用弯道水力特性能够为渠内蛙类提供更多的逃生机会,本书建立硬质化农渠的三维水流数值模型并开展数值模拟试验,模拟了不同弯道处于稳定输水条件下的流态以及渠内蛙类随水流运动的轨迹;不同弯道沿程各断面的纵向流速分布和横向环流结构并不相同,90°弯道和 180°弯道分别在出弯断面和弯顶断面形成 2 个明显的横向环流,凹岸处环流的强度和范围均较大,而 135°弯道的典型断面上并未形成明显的横向环流。根据不同弯道的水流动力轴线,分析了弯道流态对蛙类运动轨迹的影响,得出了适合渠内蛙类逃脱的位置,选择在90°弯道出弯断面和180°弯道弯顶断面的凹岸处设置生物通道;为提高蛙道的使用效果,采用坡度55°、碎石坡面和横向设计的结构形式。弯段处蛙道水流数值模拟和水头损失计算的结果表明,结构变化对水流流态和输水效率并无明显影响,水流结构有利于渠内蛙类逃脱,最大沿程水头损失约为 3.83×10^{-4} m,能够同时保证蛙类迁移效率和水流安全通畅。

6.2 主要创新点

本书的主要创新点体现在三个方面。

(1)揭示了灌溉渠道对黑斑蛙迁移行为的影响机理:为解决灌溉渠道造成的稻作区两栖动物生境破碎化问题,本书提出了为迁移能力较弱、环境敏感度高的蛙类设置生物通道的渠道生态修复方法;探明了黑斑蛙对渠道硬质护坡的适应性及其运动能力与形态特征之间的数量关系,并根据黑斑蛙的运动表现和特征,提出了蛙道设计参数的适宜范围;拓展了生态型渠道的研究范围,弥补了灌溉渠道生态化改造所需参考数据的不足。

(2)提出了基于蛙类运动能力的蛙道构建方法:针对灌溉渠道生物通道重工程实践而轻科学验证的现状,结合灌水周期和黑斑蛙生长周期,本书阐述了不同灌溉时期的蛙道适用场景;提出了对末级防渗渠道边坡结构进行局部改造的蛙道构建方法,设计并建造出在渠内无水条件下可为蛙类提供逃生机会的不同类型蛙道;检验了黑斑蛙利用蛙道的逃脱效果,评估了不同设计参数对黑斑蛙逃脱率和速度的影响,并得出了蛙道优化设计方法。

(3)提出了基于弯道水力特性的蛙道构建方法:本书创新性地将弯道水力特性应用于灌溉渠道生物通道研究,通过建立三维水流数值模型,模拟了末级防渗渠道处于稳定输水条件下不同弯道的流态以及渠内蛙类随水流运动的轨迹;提出了弯段生物通道位置和结构形式的设计方法,有助于黑斑蛙利用水动力条件逃脱,并从水流流态和输水效率角度验证了蛙道的有效性和合理性,为灌溉渠道生态修复提供了新的思路和方法。

6.3 不足与展望

本书针对灌区末级渠系蛙道进行了较为系统的研究,但由于问题普遍且复杂、涉及学科较多,仍存在不完善之处,有待进一步深入研究,以解决灌区高质量发展中面临的生态问题。

（1）本书较为全面地探究了影响黑斑蛙运动能力的自身因素和外部条件，但除生物的机能节律和运动表现等主要因素外，环境的时间节律也会对不同物种的逃脱能力产生不同程度的影响。为使研究成果更具有普遍性，在进一步的理论研究和实践应用中需要扩大样本种类和参数范围。

（2）本书选择灌区末级防渗渠道的典型断面和输水工况进行蛙类生物通道的试验研究和效果分析，由于渠内蛙类生存和迁移的困难时期是非灌水期，本书仅对利用弯道水流的蛙道进行了数值模拟试验。为使研究成果更贴近现实情况且更具有可操作性，需要进一步开展物理模型试验进行验证，而且生物通道设计参数的间隔值、弯道沿程断面的数量和位置、模型网格划分的精度等也需要更多实例研究的补充完善。

（3）本书虽然分析了灌溉渠道对黑斑蛙生境利用和迁移行为的影响，并根据蛙类运动能力和弯道水力特性提出了灌溉渠道生物通道的构建方法，但本书主要是以蛙类为目标物种，以南方大型灌区为研究区域，而我国地域广阔、灌区类型和数量较多，且不同灌区的地理环境、生物资源和灌溉工程等具有较大差异，有必要选择更多的田间生物作为保护对象，充分发挥农业生物多样性的生态价值。

参考文献

[1]康绍忠. 加快推进灌区现代化改造 补齐国家粮食安全短板[J]. 中国水利，2020(9)：1-5.

[2]康绍忠，黄介生，蔡焕杰，等. 农业水利学[M]. 北京：中国水利水电出版社，2023.

[3]两部门关于印发全国大中型灌区续建配套节水改造实施方案(2016—2020年)的通知[EB/OL]. (2017-05-23)[2024-03-12]. http：//www. gov. cn/xinwen/2017-05/23/content_5196135. htm.

[4]水利部 国家发展改革委正式印发实施"十四五"重大农业节水供水工程实施方案[EB/OL]. (2021-08-16)[2024-03-12]. http：//www. gov. cn/xinwen/2021-08/16/content_5631540. htm.

[5]中华人民共和国自然资源部.《山水林田湖草生态保护修复工程指南(试行)》印发：推动山水林田湖草一体化保护和修复[EB/OL]. (2020-09-10)[2024-03-12]. http：//www. mnr. gov. cn/dt/ywbb/202009/t20200910_2553054. html.

[6]杨培岭，李云开，曾向辉，等. 生态灌区建设的理论基础及其支撑技术体系研究[J]. 中国水利，2009(14)：32-35.

[7]彭世彰，纪仁婧，杨士红，等. 节水型生态灌区建设与展望[J]. 水利水电科技进展，2014，34(1)：1-7.

[8]王超，王沛芳，侯俊，等. 生态节水型灌区建设的主要内容与关键技术[J]. 水资源保护，2015，31(6)：1-7.

[9]顾斌杰. 生态型灌区构建原理及关键技术研究[D]. 南京：河海大学，2006.

[10]JORDAN M A, CASTAÑEDA A J, SMILEY P C, et al. Influence

of instream habitat and water chemistry on amphibians in channelized agricultural headwater streams [J]. Agriculture, Ecosystems and Environment, 2016, 230: 87-97.

[11]RENATA K, TOMASZ S, ARTUR R P. The effect of channel restoration on ground beetle communities in the floodplain of a channelized mountain stream[J]. Periodicum Biologorum, 2016, 118(3): 171-184.

[12]刘云慧, 张鑫, 张旭珠, 等. 生态农业景观与生物多样性保护及生态服务维持[J]. 中国生态农业学报, 2012, 20(7): 819-824.

[13]HOU W S, CHANG Y H, WANG H W, et al. Using the behavior of seven amphibian species for the design of banks of irrigation and drainage systems in Taiwan[J]. Irrigation and Drainage, 2010, 59(5): 493-505.

[14]CHANG Y H, WU B Y, CHUANG T F, et al. The design method for concrete waterfront amphibian ladder along streams[J]. Ecological Engineering, 2017, 106: 66-74.

[15]毕博, 陈丹, 汤树海, 等. 灌溉渠道生态化设计研究进展[J]. 排灌机械工程学报, 2018, 36(8): 707-712.

[16]CHANG Y H, CHUANG T F. A pilot study of river design for slope stability and frog ecology[J]. Landscape and Ecological Engineering, 2019, 15(1): 51-61.

[17]BI B, CHEN D, BI L D, et al. Design of engineered modifications to allow frogs to escape from irrigation channels [J]. Ecological Engineering, 2020, 156: 105967-105978.

[18]BI B, TONG J, LEI S H, et al. Using behavioral characteristics to design amphibian ladders for concrete-lined irrigation channels [J]. Sustainability, 2023, 15(7): 6029-6040.

[19]BI B, GENG R, CHEN D, et al. Effects of ramp slope and substrate type on the climbing success of *Pelophylax nigromaculatus* in agricultural landscapes[J]. Global Ecology and Conservation, 2024, 51: 2874-2883.

[20]毕博, 陈菁, 陈丹, 等. 基于弯道水力特性的蛙道构建与数值模拟研究[J]. 中国农村水利水电, 2024(1): 8-15.

[21]YANG Z F, CAI Y P, MITSCH W J. Ecological and hydrological responses to changing environmental conditions in China's river basins[J]. Ecological Engineering, 2015, 76: 1-6.

[22]MAES J, MUSTERS C J M, SNOO G R D. The effect of agri-environment schemes on amphibian diversity and abundance[J]. Biological Conservation, 2008, 141(3): 635-645.

[23]新华网. 中共中央 国务院关于做好 2022 年全面推进乡村振兴重点工作的意见[EB/OL]. (2022-02-22)[2024-03-12]. http://www.news.cn/politics/2022-02/22/c_1128406721.htm.

[24]水利部印发 2022 年水利乡村振兴工作要点[EB/OL]. (2022-03-15)[2024-03-12]. http://www.gov.cn/xinwen/2022-03/15/content_5679068.htm.

[25]PAN B Z, YUAN J P, ZHANG X H, et al. A review of ecological restoration techniques in fluvial rivers[J]. International Journal of Sediment Research, 2016, 31(2): 110-119.

[26]王超, 王沛芳, 侯俊, 等. 流域水资源保护和水质改善理论与技术[M]. 北京: 中国水利水电出版社, 2011.

[27]王沛芳, 钱进, 侯俊, 等. 生态节水型灌区建设理论技术及应用[M]. 北京: 科学出版社, 2020.

[28]叶艳妹, 吴次芳, 俞婧. 农地整理中路沟渠生态化设计研究进展[J]. 应用生态学报, 2011, 22(7): 1931-1938.

[29]茆智. 发展节水灌溉应注意的几个原则性技术问题[J]. 中国农村水利水电, 2002(3): 19-23.

[30]侯俊. 生态型河道构建原理及应用技术研究[D]. 南京: 河海大学, 2005.

[31]梁浩华. 河溪生态工法安全评估之研究[D]. 台北: 台北科技大学, 2006.

[32]高晓琴, 姜姜, 张金池. 生态河道研究进展及发展趋势[J]. 南京林业大学学报(自然科学版), 2008, 32(1): 103-106.

[33]PALMER M A, FILOSO S, FANELLI R M. From ecosystems to ecosystem services: Stream restoration as ecological engineering[J]. Ecological Engineering, 2014, 65(4): 62-70.

[34]WOHL E, LANE S N, WILCOX A C. The science and practice of river restoration[J]. Water Resources Research, 2015, 51(8): 5974-5997.

[35]JÖRGENSEN S E, NIELSEN S N. Application of ecological engineering principles in agriculture[J]. Ecological Engineering, 1996, 7(4): 373-381.

[36]STOKES A, BAROT S, LATA J C, et al. Ecological engineering: from concepts to applications[J]. Ecological Engineering, 2012, 45: 1-4.

[37]MITSCH M J, MANDER Ü. Ecological engineering of sustainable landscapes[J]. Ecological Engineering, 2017, 108: 351-357.

[38]ODUM H T. Environment, power, and society[M]. New York: Wiley, 1971.

[39]ODUM H T. System ecology: An introduction[M]. New York: Wiley, 1983.

[40]MITSCH M J, JÖRGENSEN S E. Ecological engineering: an introduction to ecotechnology[M]. New York: Wiley, 1989.

[41]董哲仁. 生态水工学的理论框架[J]. 水利学报, 2003, 31(1): 1-6.

[42]董哲仁, 孙东亚, 等. 生态水利工程原理与技术[M]. 北京: 中国水利水电出版社, 2007.

[43]朱伟, 杨平, 龚淼. 日本"多自然河川"治理及其对我国河道整治的启示[J]. 水资源保护, 2015, 31(1): 22-29.

[44]BEUTEL M W, DIEMONT S, REINHOLD D. The 13th annual conference of the American ecological engineering society: Ecological engineering and the dawn of the 21st century[J]. Ecological Engineering, 2015, 78: 1-5.

[45]夏继红, 严忠民. 国内外城市河道生态型护岸研究现状及发展趋势[J]. 中国水土保持, 2004(3): 20-21.

[46]谢三桃. 城市河流硬质护坡生态修复技术研究[D]. 南京: 河海大学, 2007.

[47]郑良勇. 输水干渠工程生态修复原理与模式研究[D]. 北京: 中国科学院研究生院, 2012.

[48]KIM J A, LEE S W, HWANG G S, et al. Effects of streamline complexity on the relationships between urban land use and ecological communities in streams[J]. Paddy and Water Environment, 2016, 14(2): 299-312.

[49]SHIELDS F D, KNIGHT S S, COOPER C M. Rehabilitation of warmwater stream ecosystems following channel incision[J]. Ecological Engineering, 1997, 8(2): 93-116.

[50]CHOU W C, LIN W T, LIN C Y. Application of fuzzy theory and PROMETHEE technique to evaluate suitable ecotechnology method: A case study in Shihmen reservoir watershed, Taiwan[J]. Ecological Engineering,

2007，31(4)：269-280.

[51]唐源誉. 灌溉型态对水田生态廊道连续性之影响评估[D]. 台中：中兴大学，2010.

[52]CHEN J C, HO L C. Changes in the streambank landscape and vegetation recovery on a stone revetment using the image spectrum：Case study of the Nan-Shi-Ken stream, Taiwan[J]. Ecological Engineering，2013，61：482-485.

[53]洪辰宗，HUANG C T. 葫芦墩圳水域生态环境调查评估之研究[D]. 台中：中兴大学，2008.

[54]水利部. 水利部关于加快推进水生态文明建设工作的意见[EB/OL]. (2013-01-09)[2024-03-12]. http：//www. mwr. gov. cn/zwgk/gknr/201302/p020200821843128127591. pdf.

[55]王刚. 平原灌区渠道生态护坡建设效果评价方法及应用[D]. 南京：河海大学，2015.

[56]崔伟中. 日本河流生态工程措施及其借鉴[J]. 人民珠江，2003(5)：1-4.

[57]CHANG T H, HUANG S T, CHEN S, et al. Estimation of manning roughness coefficients on precast ecological concrete blocks[J]. Journal of Marine Science and Technology(Taiwan, China)，2010，18(2)：308-316.

[58]林武淮. 生态工法于河床稳定及河岸保护之技术[D]. 台中：逢甲大学，2002.

[59]王继纬. 回应曲面应用于农业水路生态孔洞之设计[D]. 桃源：中原大学，2005.

[60]吴诗嫚，叶艳妹，林耀奔. 德国、日本、中国台湾地区多功能土地整治的经验与启示[J]. 华中农业大学学报(社会科学版)，2019(3)：140-148.

[61]罗朝晖. 生态河道构建技术及净污效果实验研究[D]. 南京：河海大学，2005.

[62]刘瑞煌，陈意昌，张嵩林. 农地重划区生态保育工法之初步探讨[J]. 水土保持研究，2001，8(4)：100-105.

[63]陈丹，李雪纯，陈睿东，等. 一种带生态池的灌溉渠道：201610388241.7[P]. 2018-12-14.

[64]陈丰文，陈献，黄胜顶，等. 台东涌水圳栖地特性及多样性生态工法之应用[J]. 先进工程学刊，2008，3(4)：297-306.

[65]水谷正一，津谷好人，富田正彦，等. 农业工程师伦理：从事例中学习

［M］. 陈菁, 潘悦, 译. 北京: 中国水利水电出版社, 2021.

［66］张源修. 以两栖类活动能力探讨水岸生态工程设计［D］. 台北: 台湾大学, 2009.

［67］俞婧. 农地整理中沟渠生态化精细型设计［D］. 杭州: 浙江大学, 2010.

［68］王锦堂, 叶新莹, 赵银. 田间渠道生态型改造技术及其应用［J］. 浙江水利科技, 2015, 43(5): 31-32.

［69］叶艳妹, 吴次芳, 俞婧. 农地整理中灌排沟渠生态化设计［J］. 农业工程学报, 2011, 27(10): 148-153.

［70］杨洋, 郭宗楼. 现代农业沟渠生态化设计关键技术及其应用［J］. 浙江大学学报(农业与生命科学版), 2017, 43(3): 377-389.

［71］李月, 毕利东, 陈丹, 等. 一种硬质化护坡弯曲渠道的生物逃生通道: 201610359064. X［P］. 2017-11-28.

［72］毕博, 谢金潜, 付责, 等. 一种智能感应式灌区硬质化渠道自动升降生物通道: 202010050566. 0［P］. 2022-01-07.

［73］PENG J, ZHAO H J, LIU Y X. Urban ecological corridors construction: A review［J］. Acta Ecologica Sinica, 2017, 37(1): 23-30.

［74］YI L, CHEN J S, JIN Z F, et al. Impacts of human activities on coastal ecological environment during the rapid urbanization process in Shenzhen, China［J］. Ocean and Coastal Management, 2018, 154: 121-132.

［75］BORGWARDT F, ROBINSON L, TRAUNER D, et al. Exploring variability in environmental impact risk from human activities across aquatic ecosystems［J］. Science of the Total Environment, 2019, 652(1): 1396-1408.

［76］YU M, YANG Y J, CHEN F, et al. Response of agricultural multifunctionality to farmland loss under rapidly urbanizing processes in Yangtze River delta, China［J］. Science of the Total Environment, 2019, 666: 1-11.

［77］王春平. 生物通道应用与规划设计［D］. 上海: 同济大学, 2009.

［78］BEBEN D. Crossings construction as a method of animal conservation［J］. Transportation Research Procedia, 2016, 14: 474-483.

［79］FORMAN R T T, SPERLING D, BISSONETTE J A, et al. Road ecology: Science and solutions［M］. Washington DC: Island Press, 2003.

［80］KONG Y P, WANG Y P, GUAN L. Road wildlife ecology research in China［J］. Procedia-Social and Behavioral Sciences, 2013, 96: 1191-1197.

［81］崔纲, 王云. 我国道路生态学的发展现状及趋势［J］. 公路工程, 2016,

41(3)：85-88.

[82]王云，关磊，杨艳刚，等. 公路野生动物通道研究进展[J]. 交通运输研究，2019，5(5)：79-87,109.

[83]谷颖乐. 广州市郊区公路交通系统对两栖爬行动物公路死亡的影响及对策[D]. 长沙:中南林业科技大学，2008.

[84]傅祺. 林区公路两栖爬行动物通道的设计研究——以湖南莽山国家级自然保护区为例[D]. 长沙:中南林业科技大学，2012.

[85]王云，周红萍，王玉滴，等. 公路两栖类动物通道设置方法研究[J]. 交通运输研究，2017，3(4)：16-21.

[86]WANG Y, LAN J Y, ZHOU H P, et al. Investigating the effectiveness of road-related mitigation measures under semi-controlled conditions: A case study on Asian amphibians[J]. Asian Herpetological Research，2019，10(1)：62-68.

[87]张振兴. 北方中小河流生态修复方法及案例研究[D]. 长春:东北师范大学，2012.

[88]SHI X T, KYNARD B, LIU D F, et al. Development of fish passage in China[J]. Fisheries, 2015, 40(4)：161-169.

[89]MAO X. Review of fishway research in China[J]. Ecological Engineering, 2018, 115：91-95.

[90]WU H P, CHEN J, XU J J, et al. Effects of dam construction on biodiversity: A review[J]. Journal of Cleaner Production, 2019, 221：480-489.

[91]TAN J J, TAN H L, GOERIG E, et al. Optimization of fishway attraction flow based on endemic fish swimming performance and hydraulics[J]. Ecological Engineering, 2021, 170：106332. 1-106332. 9.

[92]HOU W S, CHANG Y H, WANG H W. Climatic effects and impacts of lakeshore bank designs on the activity of *Chirixalus idiootocus* in Yilan, Taiwan[J]. Ecological Engineering, 2008, 32(1)：52-59.

[93]CHANG Y H, WANG H W, HOU W S. Effects of construction materials and design of lake and stream banks on climbing ability of frogs and salamanders[J]. Ecological Engineering, 2011, 37(11)：1726-1733.

[94]CHANG Y H, WU B Y, LU H L. Using ecological barriers for the conservation of frogs along roads[J]. Ecological Engineering, 2014, 73：

102-108.

[95]CHANG Y H, WU B Y. Designation of amphibian corridor referring to the frog's climbing ability[J]. Ecological Engineering, 2015, 83: 152-158.

[96]CHANG Y H, WU B Y, LU H L. Using the climbing ability of *Bufo bankorensis* and *Hynobius arisanensis* to discuss the amphibious corridor design for high altitude areas[J]. Ecological Engineering, 2016, 95: 551-556.

[97]ZHANG Z X, YANG H J, YANG H J, et al. The impact of roadside ditches on juvenile and sub-adult *Bufo melanostictus* migration[J]. Ecological Engineering, 2010, 36(10): 1242-1250.

[98]孙东东. 长白山 U 型渠对两栖类幼体的影响及其生态参数确定[D]. 长春:东北师范大学, 2017.

[99]HERZON I, HELENIUS J. Agricultural drainage ditches, their biological importance and functioning[J]. Biological Conservation, 2008, 141(5): 1171-1183.

[100]ASPE C, GILLES A, JACQUE M. Irrigation canals as tools for climate change adaptation and fish biodiversity management in southern France [J]. Regional Environmental Change, 2014, 16(7): 1975-1984.

[101]JIANG Z, JIANG J, WANG Y, et al. China's ecosystems: overlooked species[J]. Science, 2016, 353(6300): 657.

[102]MATOS C, PETROVAN S O, WHEELER P M, et al. Landscape connectivity and spatial prioritization in an urbanising world: A network analysis approach for a threatened amphibian[J]. Biological Conservation, 2019, 237: 238-247.

[103]PULSFORD S A, BARTON P S, DRISCOLL D A, et al. Interactive effects of land use, grazing and environment on frogs in an agricultural landscape[J]. Agriculture, Ecosystems and Environment, 2019, 281: 25-34.

[104]陆海明, 孙金华, 邹鹰, 等. 农田排水沟渠的环境效应与生态功能综述[J]. 水科学进展, 2010, 21(5): 719-725.

[105]MI Y J, HE C G, BIAN H F, et al. Ecological engineering restoration of a non-point source polluted river in northern China[J]. Ecological Engineering, 2015, 76: 142-150.

[106]WANG S Y, MENG X M, CHEN G, et al. Effects of vegetation on debris flow mitigation: A case study from Gansu province, China[J]. Geomor-

phology，2016，282：64-73.

[107]DA SILVA A M，BORTOLETO L A，CASTELLI K R，et al. Prospecting the potential of ecosystem restoration：A proposed framework and a case study[J]. Ecological Engineering，2017，108：505-513.

[108]DE MELLO K，RANDHIR T O，VALENTE R A，et al. Riparian restoration for protecting water quality in tropical agricultural watersheds[J]. Ecological Engineering，2017，108：514-524.

[109]DE LA FUENTE B，MATEO-SANCHEZ M C，RODRIGUEZ G，et al. Natura 2000 sites，public forests and riparian corridors：the connectivity backbone of forest green infrastructure[J]. Land Use Policy，2018，75：429-441.

[110]CHOU R J. Achieving successful river restoration in dense urban areas：Lessons from Taiwan[J]. Sustainability，2016，8(11)：1159-1181.

[111]刘云慧，宇振荣，罗明. 国土整治生态修复中的农业景观生物多样性保护策略[J]. 地学前缘，2021，28(4)：48-54.

[112]全国土地利用总体规划纲要（2006—2020 年）[EB/OL]. （2008-10-24）[2024-03-12]. http://www. gov. cn/guoqing/2008-10/24/content_2875234. htm.

[113]STERRETT S C，KATZ R A，BRAND A B，et al. Proactive management of amphibians：Challenges and opportunities[J]. Biological Conservation，2019，236：404-410.

[114]BOISSINOT A，BESNARD A，LOURDAIS O. Amphibian diversity in farmlands：Combined influences of breeding-site and landscape attributes in western France[J]. Agriculture，Ecosystems and Environment，2019，269：51-61.

[115]孙玉芳，李想，张宏斌，等. 农业景观生物多样性功能和保护对策[J]. 中国生态农业学报，2017，25(7)：993-1001.

[116]MONTOYA D，GABA S，DE MAZANCOURT C，et al. Reconciling biodiversity conservation，food production and farmers' demand in agricultural landscapes[J]. Ecological Modelling，2020，416：108889. 1-108889. 9.

[117]刘云慧，常虹，宇振荣. 农业景观生物多样性保护一般原则探讨[J]. 生态与农村环境学报，2010，26(6)：622-627.

[118]NORI J，LEMES P，URBINA-CARDONA N. Amphibian conser-

vation，land-use changes and protected areas：A global overview[J]. Biological Conservation，2015，191：367-374.

[119]HANSEN N A, SCHEELE B C, DRISCOLL D A, et al. Amphibians in agricultural landscapes：The habitat value of crop areas，linear plantings and remnant woodland patches[J]. Animal Conservation，2019，22(1)：72-82.

[120]MORETTI L, MANDRONE V, DANDREA A, et al. Evaluation of the environmental and human health impact of road construction activities [J]. Journal of Cleaner Production，2018，172：1004-1013.

[121]GUO X, ZHANG X, DU S, et al. The impact of onshore wind power projects on ecological corridors and landscape connectivity in Shanxi, China[J]. Journal of Cleaner Production，2020，254：120075.1-120075.14.

[122]单楠，周可新，潘扬，等. 生物多样性保护廊道构建方法研究进展[J]. 生态学报，2019，39(2)：411-420.

[123]阎恩荣，斯幸峰，张健，等. E. O. 威尔逊与岛屿生物地理学理论[J]. 生物多样性，2022，30(1)：7-14.

[124]李玉强，邢韶华，崔国发. 生物廊道的研究进展[J]. 世界林业研究，2010，23(2)：49-54.

[125]国家林业局. 陆生野生动物廊道设计技术规程：LY/T 2016—2012[S]. 北京：中国标准出版社，2012.

[126]秦天宝，刘彤彤. 生态文明战略下生物多样性法律保护[J]. 中国生态文明，2019(2)：24-30.

[127]中共中央办公厅国务院办公厅印发《关于进一步加强生物多样性保护的意见》[EB/OL]. (2021-10-19)[2024-03-12]. http：//www. gov. cn/zhengce/2021-10/19/content_5643674. htm.

[128]KOWALSKI G J, GRIMM V, HERDE A, et al. Does animal personality affect movement in habitat corridors? Experiments with common voles (*Microtus arvalis*) using different corridor widths[J]. Animals，2019，9(6)：291.1-291.17.

[129]中国生态学学会. 2016—2017 景观生态学学科发展报告[M]. 北京：中国科学技术出版社，2018.

[130]傅伯杰，陈利顶，马克明，等. 景观生态学原理及应用[M]. 2 版. 北京：科学出版社，2001.

[131]QIU L, ZHU J, PAN Y, et al. The positive impacts of landscape fragmentation on the diversification of agricultural production in Zhejiang province, China[J]. Journal of Cleaner Production,2020,251:119722.1-119722.8.

[132]JIANG P H, CHEN D S, LI M C. Farmland landscape fragmentation evolution and its driving mechanism from rural to urban: A case study of Changzhou city[J]. Journal of Rural Studies, 2021, 82:1-18.

[133]LI G D, FANG C L, QI W. Different effects of human settlements changes on landscape fragmentation in China: Evidence from grid cell[J]. Ecological Indicators, 2021, 129:107927.1-107927.11.

[134]LUO Y H, WU J S, WANG X Y, et al. Understanding ecological groups under landscape fragmentation based on network theory[J]. Landscape and Urban Planning, 2021, 210:104066.1-104066.11.

[135]刘建锋,肖文发,江泽平,等. 景观破碎化对生物多样性的影响[J]. 林业科学研究,2005,18(2):222-226.

[136]GARCIA V O S, IVY C, FU J. Syntopic frogs reveal different patterns of interaction with the landscape: A comparative landscape genetic study of *Pelophylax nigromaculatus* and *Fejervarya limnocharis* from central China[J]. Ecology and Evolution, 2017, 7(22):9294-9306.

[137]LI B, ZHANG W, SHU X X, et al. Influence of breeding habitat characteristics and landscape heterogeneity on anuran species richness and abundance in urban parks of Shanghai, China[J]. Urban Forestry and Urban Greening, 2018, 32:56-63.

[138]钦佩,安树青,颜京松. 生态工程学[M]. 南京:南京大学出版社,2002.

[139]DRAMSTAD W, OLSON J D, FORMAN R T T. Landscape ecology principles in landscape architecture and land-use planning[M]. Washington DC:Island Press, 1996.

[140]FARINA A. Principles and methods in landscape ecology[M]. Dordrecht:Springer, 1998.

[141]GAO J, WANG R S, HUANG J L. Ecological engineering for traditional Chinese agriculture: A case study of Beitang[J]. Ecological Engineering, 2015, 76:7-13.

[142]陈阜,隋鹏. 农业生态学[M]. 北京:中国农业大学出版社,2019.

[143]范志平，李法云，涂志华，等．生态工程模式与构建技术[M]．北京：化学工业出版社，2017．

[144]WU Z J, CHEN M L, FU X X, et al. Thermodynamic analysis of an ecologically restored plant community: ecological niche[J]. Ecological Modelling, 2022, 464: 109839. 1-109839. 10.

[145]BOLTON S. Ecological engineering: Design principles[M]//Encyclopedia of Ecology (Second Edition), Elsevier, 2019: 493-497.

[146]MITSCH W J. When will ecologists learn engineering and engineers learn ecology? [J]. Ecological Engineering, 2014, 65: 9-14.

[147]刘晓楠，黄燕，程炯．高标准基本农田建设工程生态化设计研究[J]．应用基础与工程科学学报，2016，24(1)：1-11．

[148]涟水县水利局．江苏省涟水县灌溉发展总体规划(2010—2020)[Z]．淮安：涟水县人民政府，2012．

[149]涟水县水利局．涟水县"十四五"水利发展规划[Z]．淮安：涟水县人民政府，2021．

[150]国家林业和草原局．国家保护的有益的或者有重要经济、科学研究价值的陆生野生动物名录[EB/OL]．(2017-03-15)[2024-03-12]．http://www.gov. cn/zhengce/2017/03/15/content_5718756. htm.

[151]FELLERS G M, KLEEMAN P M. California red-legged frog (*Rana draytonii*) movement and habitat use: Implications for conservation[J]. Journal of Herpetology, 2007, 41(2): 276-286.

[152]REILLY S, ESSNER R, WREN S, et al. Movement patterns in leiopelmatid frogs: Insights into the locomotor repertoire of basal anurans[J]. Behavioural Processes, 2015, 121: 43-53.

[153]MATHWIN R, WASSENS S, YOUNG J, et al. Manipulating water for amphibian conservation[J]. Conservation Biology, 2021, 35(1): 24-34.

[154]WANG J L, CHEN G F, FU Z S, et al. Application performance and nutrient stoichiometric variation of ecological ditch systems in treating non-point source pollutants from paddy fields[J]. Agriculture, Ecosystems and Environment, 2020, 299: 106989. 1-106989. 12.

[155]费梁，叶昌媛，江建平．中国两栖动物及其分布彩色图鉴[M]．成都：四川科学技术出版社，2012．

[156]SCHMIDT B R, ARLETTAZ R, SCHAUB M, et al. Benefits and

limits of comparative effectiveness studies in evidence-based conservation[J]. Biological Conservation, 2019, 236: 115-123.

[157]HARTEL T, SCHEELE B C, ROZYLOWICZ L, et al. The social context for conservation: Amphibians in human shaped landscapes with high nature values[J]. Journal for Nature Conservation, 2020, 53: 125762. 1-125762. 7.

[158]ZHENG X J, NATUHARA Y. Landscape and local correlates with two green tree-frogs, *Rhacophorus* (Amphibia: Rhacophoridae) in different habitats, central Japan[J]. Landscape and Ecological Engineering, 2020, 16(2): 199-206.

[159]中国科学院昆明动物研究所. 黑斑侧褶蛙 *Pelophylax nigromaculatus*[EB/OL]. [2024-03-12]. http://www. amphibiachina. org/species/416.

[160]TOKIWA T, CHOU S, MORIZANE R, et al. Black-spotted pond frog *Pelophylax nigromaculatus* as a new host for the renal coccidian genus *Hyaloklossia* (Alveolata: Apicomplexa)[J]. International Journal for Parasitology: Parasites and Wildlife, 2022, 17: 194-298.

[161]SCROGGIE M P, PREECE K, NICHOLSON E, et al. Optimizing habitat management for amphibians: From simple models to complex decisions [J]. Biological Conservation, 2019, 236: 60-69.

[162]BAILEY L L, MUTHS E. Integrating amphibian movement studies across scales better informs conservation decisions[J]. Biological Conservation, 2019, 236: 261-268.

[163]国家林业局野生动植物保护与自然保护区管理司. 全国第二次陆生野生动物资源调查——湿地生态系统陆生野生动物资源调查技术细则[R]. 北京: 国家林业局, 2011.

[164]夏军. 灰色系统水文学: 理论、方法及应用[M]. 武汉: 华中理工大学出版社, 2000.

[165]CHUANG T F, CHANG Y H. Comparison of physical characteristics between *Rana latouchtii* and *Rana adenopleura* using grey system theory and artificial neural network[J]. Ecological Engineering, 2014, 68: 223-232.

[166]CHUANG T F, CHANG Y H. A new design concept of an ecological corridor for frogs to improve ecological conservation[J]. Sustainability, 2021, 13(20): 11175. 1-11175. 14.

［167］邓聚龙. 灰色控制系统［M］. 2版. 武汉：华中理工大学出版社，1993.

［168］孙玉刚. 灰色关联分析及其应用的研究［D］. 南京：南京航空航天大学，2007.

［169］柳杨. 基于灰色理论的中小型水利工程质量评价研究［D］. 大连：大连理工大学，2020.

［170］赵振兴，何建京. 水力学［M］. 2版. 北京：清华大学出版社，2010.

［171］马淼. 弯道水流结构及几何形态对水流特性影响的研究［D］. 西安：西安理工大学，2017.

［172］廖灵芝. 弯道式引水渠首中弯道水流运动的三维数值模拟研究［D］. 乌鲁木齐：新疆农业大学，2012.

［173］马丹青. 弯道水流特性试验研究及数值模拟［D］. 上海：上海海洋大学，2014.

［174］周建银. 弯曲河道水流结构及河道演变模拟方法的改进和应用［D］. 北京：清华大学，2015.

［175］李信. 设置调整池对弯道水流流态改善效果研究［D］. 成都：西华大学，2018.

［176］AN R D，LI J，LIANG R F，et al. Three-dimensional simulation and experimental study for optimising a vertical slot fishway［J］. Journal of Hydro-environment Research，2016，12：119-129.

后记

　　本书付梓之际,我们要特别感谢指导本书撰写和试验研究的专家和同学们。

　　感谢河海大学农业科学与工程学院张洁教授、郭相平教授、毕利东副教授、褚琳琳副教授、郭龙珠副教授、代小平副教授,水文水资源学院王卫光教授,环境学院尤国祥副教授以及南京理工大学陈欢教授、南京农业大学梁明祥教授对本书的全面指导。感谢付责师弟、陈浩师弟在物理模型试验研究中给予的支持,水利水电学院韩建军博士、费照丹博士在数值模拟试验研究中提供的帮助。

　　感谢南京水利科学研究院洪大林正高、黄国情正高、王小军正高、金秋高工、赵广举研究员、田鹏副教授、耿韧高工、谢梅香高工、雷少华高工为本书撰写提供的指导和帮助。感谢墨尔本大学 Ian Rutherfurd 教授、南京农业大学罗朝晖副教授对本书表现出的兴趣以及对试验设计、文稿修改提出的宝贵建议。感谢涟水县水利科学研究站汤树海站长为本书试验提供了基础条件并共同开展了大量的试验工作。感谢河海大学出版社曾雪梅老师和南京水利科学研究院范俊健、赵彦博、韩丹妮、高辰源和王悦等同学对本书校订做出的贡献。

　　在本书撰写和试验研究过程中,还有许多老师和朋友给予了无私的指导和帮助,在此一并表示感谢!